T0208824

essentials liefern aktuelles Wissen in konzentrierter Form. Die Essenz dessen, worauf es als „State-of-the-Art" in der gegenwärtigen Fachdiskussion oder in der Praxis ankommt. *essentials* informieren schnell, unkompliziert und verständlich

- als Einführung in ein aktuelles Thema aus Ihrem Fachgebiet
- als Einstieg in ein für Sie noch unbekanntes Themenfeld
- als Einblick, um zum Thema mitreden zu können

Die Bücher in elektronischer und gedruckter Form bringen das Expertenwissen von Springer-Fachautoren kompakt zur Darstellung. Sie sind besonders für die Nutzung als eBook auf Tablet-PCs, eBook-Readern und Smartphones geeignet. *essentials:* Wissensbausteine aus den Wirtschafts, Sozial- und Geisteswissenschaften, aus Technik und Naturwissenschaften sowie aus Medizin, Psychologie und Gesundheitsberufen. Von renommierten Autoren aller Springer-Verlagsmarken.

Weitere Bände in der Reihe http://www.springer.com/series/13088

Markus Hahne

Systematisches Konstruieren

Praxisnah und prägnant

Springer Vieweg

Markus Hahne
Arnsberg, Deutschland

ISSN 2197-6708 ISSN 2197-6716 (electronic)
essentials
ISBN 978-3-658-25904-4 ISBN 978-3-658-25905-1 (eBook)
https://doi.org/10.1007/978-3-658-25905-1

Die Deutsche Nationalbibliothek verzeichnet diese Publikation in der Deutschen Nationalbibliografie; detaillierte bibliografische Daten sind im Internet über http://dnb.d-nb.de abrufbar.

Springer Vieweg ist ein Imprint der eingetragenen Gesellschaft Springer Fachmedien Wiesbaden GmbH und ist ein Teil von Springer Nature
Die Anschrift der Gesellschaft ist: Abraham-Lincoln-Str. 46, 65189 Wiesbaden, Germany

Was Sie in diesem *essential* finden können

- Einen Überblick über …
  - die verschiedenen konstruktionswissenschaftlichen Strömungen seit 1900.
  - die Vielfältigkeit des allgemeinen Konstruktionsprozesses.
  - die abwechslungsreiche Palette konstruktionstechnischer Methoden.
  - das weite bereichsübergreifende Spektrum der Konstruktionstätigkeiten.
- Eine erste Vorstellung von …
  - den kreativen und von den fachsystematischen Gestaltungsprozessen und -möglichkeiten in der Konstruktion.
  - den technologischen, den mechanischen und weiteren naturwissenschaftlich-mathematischen Grundlagen der Konstruktionstechnik.
  - den engen Beziehungen der Konstruktionstechnik zu Nachbarwissenschaften, wie z. B. zur Werkstoffkunde.
- Motivation und Inspiration zur eigenen konstruktiven Betätigung.

Vorwort

Die Entwicklung und die Konstruktion von Produkten jeglicher Art ist evolutionärer Bestandteil der menschlichen und der gesellschaftlichen Entwicklung. Wenngleich es für einen Konsumenten aus praktischer Sicht unerheblich ist, wie ein Produkt entstanden ist, so kann es doch sehr interessant sein, sich den Entstehungsprozess einmal genauer anzuschauen. Einen einfachen – wenn auch nicht ganz technikfreien – Einblick möchte ich mit diesem kurzen Werk allen interessierten Laien, angehenden Technikern und konstruktionsinteressierten Personen geben.

Dieses Buch ist kein fachwissenschaftliches Lehrbuch der Konstruktionstechnik, wie es sie zuhauf gibt, mit isolierten ausufernden theoretischen Ausführungen. Das Buch ist vielmehr eine Überblicks- und Einstiegslektüre, die dem Leser einen ersten Einblick in die Vielfältigkeit des Konstruktionsprozesses, in die abwechslungsreiche Palette der Konstruktionsmethoden und in das weite bereichsübergreifende Spektrum der Konstruktionstätigkeiten ermöglicht.

Um den Einstieg in die Thematik der Konstruktion (nicht nur für Laien) zu erleichtern, begleitet die Lesenden ein vielleicht nicht ganz alltägliches, aber bestimmt ein allgemein verständliches Konstruktionsproblem, das es zu lösen gilt. Das Problem oder besser seine Lösung folgt dem Konstruktionsprozess, indem es die theoretischen Passagen mit der praktischen Ebene verknüpft und den individuellen, auch kreativen Gedanken der Lesenden zugleich Spielraum für eigene Ideen eröffnet.

Das Ende der Lektüre ist offen.

Ich hoffe, dass alle Lesenden am Ende des letzten Kapitels einen umfassenden Einblick in die faszinierende Konstruktionsarbeit bekommen haben, und dass ich das Interesse an einer vertiefenden Auseinandersetzung mit der Entwicklung und der Konstruktion von Produkten wecken konnte.

Arnsberg   Dr.-Ing. Markus Hahne
Januar 2019

Inhaltsverzeichnis

Konstruktionsmethodik

1

Eine Konstruktionsmethodik wird allgemein als eine systematische Navigationshilfe bei der Entwicklung technischer Produkte verstanden. Die ersten Versuche diesen Geneseprozess zu systematisieren wurden bereits um das Jahr 1850 von Redenbacher unternommen und bis heute wurde keine allgemeingültige Methode zur Konstruktion von Maschinen gefunden. Vielmehr wurden vielfältige Workflows entwickelt; sequenzielle, parallele, vernetzte und neuerdings auch agile. Auffallend ist, dass keine wissenschaftliche Schule der Konstruktionstechnik erkennbar ist, vielmehr sind drei Denkrichtungen sichtbar: Die pragmatische Konstruktions-Kunst (u. a. Riedler um 1900), die systematisierende Konstruktions-Wissenschaft (u. a. Rodenacker, Koller, Roth 1980–1990) und die standardisierende Konstruktions-Methodik (u. a. Ehrlenspiegel, Pahl, Beitz 1980 – dato).

Als Primat bei den Konstruktionsmethoden gilt allgemein die VDI-Richtlinie 2221 aus dem Jahr 1993, deren konstruktionsmethodischen Elemente sich u. a. bei Pahl und Beitz (standardisierende Konstruktionsmethodik) sowie bei Rodenacker, Koller und Roth (systematisierende Konstruktionswissenschaft) wiederfinden. Die VDI 2221 beschreibt den Konstruktionsprozess als einen im systemtheoretischen Kontext angewendeten Problemlöseprozess, der aus einzelnen, sequenziell aneinandergereihten Konstruktionsschritten besteht, und der in Abhängigkeit der Aufgabenstellung vollständig, nur teilweise oder mehrmals iterativ durchlaufen wird.

Der aktuelle Neuentwurf der VDI-Richtlinie 2221 (März 2018) bindet den bekannten Konstruktionsprozess in einen größeren Kontext ein und erweitert ihn um Begleit- und Qualitätsaktivitäten. Insbesondere vollzieht er aber einen Paradigmenwechsel bezüglich des Prozessverlaufs, indem er das Stage-Gate-Modell einführt. Hierdurch wird der Bezug zwischen den Konstruktionsaktivitäten und ihrer zeitlichen Abfolge aufgehoben und so eine flexiblere Gestaltung des Konstruktionsprozesses ermöglicht.

© Springer Fachmedien Wiesbaden GmbH, ein Teil von Springer Nature 2019
M. Hahne, *Systematisches Konstruieren*, essentials,
https://doi.org/10.1007/978-3-658-25905-1_1

Der praktische Nutzen der Konstruktionsmethoden wird unterschiedlich eingeordnet, als Algorithmus, als Heuristik oder als etwas dazwischen. Die algorithmische Position nimmt an, dass die absolute Befolgung der einzelnen Konstruktionsschritte automatisch zu einer fertigen Konstruktion führt. Die heuristische Position sieht die Konstruktionssystematik mehr als eine Handlungsempfehlung, die annimmt, dass die Abarbeitung der Konstruktionsschritte wahrscheinlich zur Lösung des Konstruktionsproblems führt; im Falle des möglichen Scheiterns wurde aber zumindest das Konstruktionsproblem besser verstanden. Einen Kompromiss zwischen den beiden Positionen stellt – wie in VDI 2221 postuliert – die Iteration dar. Bei dieser wird nach erfolglosem Durchlaufen eines algorithmischen Konstruktionsschrittes dieser mit geänderten Rahmenbedingungen solange wiederholt durchlaufen, bis eine Annäherung an die Konstruktionslösung stattgefunden hat.

Alle Ansätze um den Konstruktionsprozess zu systematisieren und zu methodisieren zielen unterschiedlich fokussiert auf die Rationalisierung, die Automatisierung oder die Objektivierung des Konstruktionsprozesses. Hierbei werden jedoch meistens die Fähigkeit des menschlichen Individuums zum kreativen Schaffen, seine Intuition und seine individuellen Erfahrungen, Vorlieben usw. vernachlässigt. Doch das Entwickeln und Konstruieren technischer Produkte erfordert anerkannter Maßen neben den anzuwendenden Handwerken und den begründenden Wissenschaften insbesondere auch die kognitiven, die kreativen und die affektiven Fähigkeiten des Konstrukteurs als Individuum! Auch die künstliche Intelligenz wird den Konstrukteur in der Zukunft nicht im vollen Umfang ersetzen können.

Einen Ausweg aus dem beschriebenen Dilemma bietet die Hermeneutik. Diese beschreibt einen Verstehensprozess mittels eines spiralförmigen Verlaufs, der das Verstehensobjekt stetig mit zunehmendem Verständnis umkreist. Hierbei werden drei hierarchische Grundsätze erfüllt:

1. Das, was verstanden werden soll, muss schon irgendwie verstanden worden sein.
2. Das Ganze muss aus dem Einzelnen und das Einzelne muss aus dem Ganzen heraus verstanden werden.
3. Ein Element erhält seine Bedeutung nur aufgrund seines Zusammenhangs mit anderen Elementen in einem gemeinsamen Ganzen.

Der erste Grundsatz wird in einer präkonstruktiven Phase erfüllt. In ihr beschreibt der Auftraggeber in einem Lastenheft, auf was sich sein Konstruktionsauftrag bezieht, und der Konstrukteur beschreibt erweiternd in einem Pflichtenheft, wie und womit er den Auftrag zu erfüllen gedenkt. Erst wenn es zu einem Konstruktionsauftrag kommt, beginnt der eigentliche Konstruktionsprozess. Nach Auftragserteilung konkretisiert und präzisiert der Konstrukteur den Konstruktionsauftrag, ggf. auch gemeinsam mit dem Auftraggeber. Diese Phase endet mit der Erstellung einer verbindlichen Anforderungsliste, die im gesamten Konstruktionsprozess fortgeführt wird.

Der zweite Grundsatz wird in der folgenden Konzeptionsphase erfüllt. In dieser werden prinzipielle Lösungsmöglichkeiten für die Überführung der vorhandenen Eingangsgrößen in die gewünschten Ausgangsgrößen gesucht, kombiniert und bewertet. Das Ergebnis ist mindestens eine (nicht zwangsweise normgerechte) zeichnerische Darstellung der ausgewählten, geeignet erscheinenden Prinziplösungen.

Der dritte Grundsatz wird in der Entwurfsphase erfüllt. In ihr wird die ausgewählte Prinziplösung konstruktiv in eine qualitativ und quantitativ realisierbare Form überführt. Als Arbeitsergebnis dokumentieren Vorentwürfe in Form von normgerechten Konstruktionszeichnungen sowohl die Wirkzusammenhänge als auch die räumliche Teilestruktur und mehr oder weniger detailreich die geometrischen Eigenschaften (Toleranzen, Oberflächengüten, Wärmebehandlung usw.) des fertigen Produktes.

In einer postkonstruktiven Phase erfolgt abschließend die Ausarbeitung der Konstruktionsentwürfe, in der die primäre technische Produktdokumentation (Zusammenbauzeichnung, Fertigungszeichnungen, Stücklisten, Prüfvorgaben usw.) sowie ggf. die Erstellung sekundärer Dokumente (Betriebsanleitungen, Ersatzteillisten usw.) erfolgt. In dieser Phase werden auch die nicht funktionsrelevanten geometrischen Produkteigenschaften eindeutig beschrieben.

Ferner ist zu bedenken, dass die bekannten Konstruktionsmethoden immer eine Neukonstruktion beschreiben, in deren Verlauf ein neues Produkt vollständig entwickelt und konstruiert wird, dessen Funktions- und Wirkstrukturen zunächst noch unbekannt sind. In der Praxis sind aber andere Konstruktionsarten mit teils verkürzten Prozessverläufen viel häufiger anzutreffen. So ist z. B. die Aufgabenpräzisierung bei einer Anpassungskonstruktion, in deren Verlauf eine bestehende Konstruktion an vollständig formulierte, feste Kundenanforderungen angepasst wird, nicht erforderlich und der Konstruktionsprozess kann direkt mit der Konzeptionsphase beginnen. Des Weiteren kann eine Varianten- oder Baukastenkonstruktion, bei der bekannte Prinziplösungen in einer neuen Zusammenstellung miteinander kombiniert werden, mit der Entwurfsphase beginnen. Und eine einfache Baureihenkonstruktion, bei der lediglich die geometrischen Produktmerkmale quantitativ variieren, kann in der postkonstruktiven Ausarbeitungsphase erfolgen.

In dem vorliegenden *essential* wird der vollständige Prozessverlauf des hermeneutischen Ansatzes (Abb. 1.1) im Rahmen einer Neukonstruktion verfolgt und durchgängig mit einem Konstruktionsbeispiel illustriert.

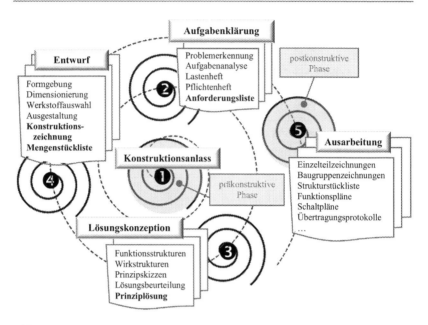

Abb. 1.1 hermeneutischer Konstruktionsprozessverlauf

Aufgabenklärung 2

2.1 Konstruktionsanlass

Ein auftretendes Problem, ein Verbesserungswunsch, ein Innovationsgedanke o. Ä. liefern einen Anlass zu einer technisch-konstruktiven Entwicklung. Eine Analyse des Entwicklungsanlasses führt in der präkonstruktiven Phase dazu, dass der Auftraggeber einen Konstruktionsauftrag formuliert und diesen in einem Lastenheft dokumentiert. Mit diesem Lastenheft kann er sich bei verschiedenen Konstrukteuren ein Konstruktionsangebot einholen.

Konstruktionsanlass

Bei der Auslieferung fettgeschmierter Stehlgleitlager werden diesen gemäß der Stückliste und zwecks der späteren Inbetriebnahme 60 g Schmierfett lose beigelegt. In der Realität müssen aber immer 400 g Fettkartuschen beigelegt werden, da nur diese im Handel erhältlich sind. Der Versandmitarbeiter löst dieses Problem, indem er beim Verpacken mehrerer Lager an einen Kunden entsprechend weniger Kartuschen beilegt; z. B. 1 Kartusche für bis zu 6 Lager (6 Stück · 60 g/Stück = 360 g ≤ 400 g). Durch die ungleichmäßige Beigabe von Fettkartuschen ohne gleichzeitige konsequente Rückmeldung wird eine betriebswirtschaftliche Lagerhaltung sehr erschwert. Versuche das Problem organisatorisch, informationstechnisch oder anders nicht-technisch zu lösen scheiterten bis jetzt. Daher wird nun eine technisch-konstruktive Problemlösung gesucht!

2.1.1 Problemerkennung

Bevor das Konstruieren beginnen kann, muss zunächst verstanden werden, was eigentlich das konkrete Konstruktionsproblem ist. Das Erkennen des genauen Problems gelingt am besten mit einer systematischen und vorurteilsfreien Vorgehensweise.

© Springer Fachmedien Wiesbaden GmbH, ein Teil von Springer Nature 2019
M. Hahne, *Systematisches Konstruieren*, essentials,
https://doi.org/10.1007/978-3-658-25905-1_2

Methoden zur Entwicklung eines ersten primitiven Problemverständnisses sind viele bekannt; geeignet ist u. a. der 4 W-Fragenkatalog:

- Was ist gegeben? – Was ist mein Anfangszustand?
- Was ist gesucht? – Was ist mein Zielzustand?
- Was kann ich tun? – Welche Überführungsmöglichkeiten gibt es?
- Was hindert mich daran? – Welche Hindernisse/Restriktionen gibt es?

Anmerkung: Die Fragen können/müssen ggf. mehrfach gestellt werden.

Problemerkennung

- Was ist gegeben? – Die beigelegte Fettmenge (400 g Kartuschen) entspricht nicht der technisch benötigten Fettmenge (60 g für 1 Lager, ..., 360 g für 6 Lager, ...).
- Was ist gesucht? – Es wird nur die benötigte Fettmenge (60 g pro Lager) beigelegt.
- Was kann ich tun? – Kleinere (60 g) Gebinde beilegen.
- Was hindert mich daran? – 60 g Gebinde sind nicht standardmäßig erhältlich.
- Was kann ich tun? – Fett aus 400 g Kartuschen in 60 g Gebinde umfüllen.

2.1.2 Aufgabenanalyse

Ausgehend von dem primitiven Problemverständnis der vorhergehenden Problemerkennungsphase folgt eine systematische Analyse der Möglichkeiten zur Zielerreichung. Die Aufgabenanalyse kann aus vielen Perspektiven erfolgen, wobei der Blick immer von außen auf das fertige Endprodukt gerichtet ist. Für diesen Prozessschritt sind vielfältige Methoden bekannt; besonders geeignet sind funktions- und prozessorientierte Methoden, die parallel, alternativ oder alternierend angewendet werden können.

Eine funktionsorientierte Methode ist die Blackbox-Darstellung. Bei dieser werden die bekannten Eingangs- und Ausgangsgrößen an eine Box angetragen, die Zusammenhänge zwischen den Eingangs- und den Ausgangsgrößen bleiben dabei zunächst im dunklen, im schwarzen verborgen. Das Innere der Box wird dann schrittweise durch immer konkretere Zusammenhangsbeschreibungen erhellt. Die Operationen innerhalb der Box können lösungsneutral u. a. mittels der erforderlichen elementaren Operationen (Abb. 2.1) symbolisch beschrieben werden.

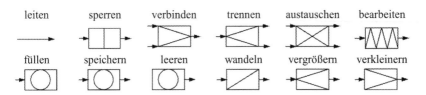

| leiten | sperren | verbinden | trennen | austauschen | bearbeiten |
| füllen | speichern | leeren | wandeln | vergrößern | verkleinern |

Abb. 2.1 elementare Operationen

Eine prozessorientierte Analysemethode ist das Workflow-Diagramm. In diesem werden alle Arbeitsschritte, die zur Überführung des Ausgangszustandes in den Zielzustand erforderlich sind, in ihrer linearen und ggf. auch verzweigten Abfolge als Flusspfeile dargestellt (vgl. Abb. 2.2). Hierbei können insbesondere die Abhängigkeiten verschiedener Prozessflüsse identifiziert und ggf. Schnittstellen und Teilprozesse definiert werden.

Aufgabenanalyse

Die Problemerkennung stellt sich in einer ersten Black-Box wie folgt dar:

400 g Fett in Standard-Kartusche → Fettmenge je Gebinde reduzieren → 6 · 60 g Fett in neuen Gebinden

Eine erste Beschreibung des Umfüllprozesses in kleinere Gebinde ergibt mit Hilfe der elementaren Operationen folgende konkretisierte Black-Box:

400 g Fett in Kartusche

leere 60 g Gebinde

→ leere Kartusche

→ 60 g Fett in Gebinde

Prozessschritte:
- Fett-Kartsuche u. leere Gebinde zuführen
- (oben) Fett und Kartusche trennen
- (unten) Fett und neue Gebinde verbinden
- leere Kartsuche u. Fett-Gebinde abführen

Der Workflow für eine manuelle Fettumfüllung stellt sich hierbei wie folgt dar:

400 g Fett-Kartusche in Pumpe einlegen	20 leere 60 g Gebinde bereitstellen	6 mal 60 g Fett umfüllen	1 mal 40 g Fett umfüllen
400 g Fett-Kartusche in Pumpe wechseln	1 mal 20 g Fett umfüllen	6 mal 60 g Fett umfüllen	1 mal 20 g Fett umfüllen
400 g Fett-Kartusche in Pumpe wechseln	1 mal 40 g Fett umfüllen	6 mal 60 g Fett umfüllen	Fett-Kartusche aus Pumpe entnehmen

Abb. 2.2 Workflow-Diagramm

2.1.3 Lastenheft

Ein Lastenheft ist das vom Auftraggeber verfasste Ausschreibungsdokument für einen Konstruktionsauftrag. In ihm ist genau beschrieben für welches Problem eine konstruktive Lösung gewünscht ist und unter welchen Umständen die Konstruktion betrieben bzw. genutzt werden soll. Die Leitfrage ist: WAS soll die Konstruktion leisten? Neben den organisations- und den dokumentenbezogenen Informationen können in einem Lastenhefte u. a. folgende problembezogene Aspekte enthalten sein:

- Problembeschreibung: Problem, Problemsituation, Problemumfeld, …
- Ausgangszustand: System, Funktion, Prozess, …
- Zielzustand: System, Funktion, Prozess, …
- Rahmenbedingungen: Schnittstellen, Betriebsort, wirtschaftliche Daten, …
- Anforderungen: Betrieb, Dokumentation, Mitarbeiterschulung, Qualität, …

Lastenheft

- Problembeschreibung : … (siehe „Konstruktionsanlass") …
- Ausgangszustand : … (siehe „Konstruktionsanlass") …
- Zielzustand : Lösungsidee (siehe „Aufgabenanalyse") …
  → Fett aus 400 g Kartuschen sind in sechs 60 g Gebinde umgefüllt.
- Rahmenbedingungen : …
  → 60 g Gebinde müssen genau so wie 400 g Kartusche verwendbar sein
- Anforderungen : …
  → automatisierter Betrieb
  → 400 g Kartusche umfüllen darf max. 2 Minuten dauern

2.2 Präzisierung der Konstruktionsaufgabe

Mit der Anfrage für einen Konstruktionsauftrag in Form eines Lastenheftes beginnt für den Konstrukteur die Präzisierung der Konstruktionsaufgabe aus konstruktiver Sicht. Diese verläuft in der Angebotsphase auf einem abstrakten Niveau und endet mit dem Verfassen des Pflichtenheftes. Nach Auftragsvergabe führt die fortgesetzte Aufgabenklärung zur konkreteren Formulierung des Zielzustandes in der Anforderungsliste. Die Übergänge zwischen Pflichtenheft, Lastenheft und Anforderungsliste sind fließend, da alle Dokumente oft im Austausch zwischen dem Auftraggeber und dem Konstrukteur gemeinsam entwickelt werden. Weil mit der Aufgabenpräzisierung in der Angebotsphase keine Garantie für einen Konstruktionsauftrag verbunden ist, ist ein zielgenauer und schneller Prozessabschluss von wirtschaftlichem Interesse und damit ist die Anwendung systematischer Methoden zur Aufgabenpräzisierung indiziert. Daher werden die begonnenen Aufgabenanalysemethoden oft parallel, alternativ oder alternierend weitergeführt.

Aufgabenpräzisierung

In dem Workflow der manuellen Fettumfüllung ist ersichtlich, dass der Umfüllprozess kaskadenförmig verläuft, bevor ein vollständiger Arbeitszyklus abgeschlossen ist. Eine Aufspaltung und zugleich Verkürzung des Prozesses kann mit Hilfe eines Speichers realisiert werden. Die Umfüllung kann so kontinuierlich erfolgen. Hierdurch ergibt sich ein vereinfachter Workflow.

Um sekundäre Eingangs- und Ausgangsspeicher für die 400 g Kartuschen und für die 60 g Gebinde ergänzt, ergibt sich eine erweiterte Black-Box mit drei Subsystemen; dem Trennsystem von 400 g Kartusche und Fett, dem Fettspeicher und dem 60 g Gebinde Abfüllsystem.

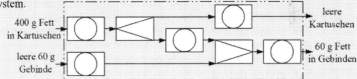

2.2.1 Pflichtenheft

Das Pflichtenheft verbindet die Wünsche, Forderungen, Rahmenbedingungen usw. des Lastenheftes mit den Informationen der fortgeschrittenen Aufgaben-präzisierung. In ihm beantwortet der Konstrukteur die Leitfrage „WIE (mit welchen Mitteln) erfüllt die Konstruktion die Anforderungen (das Was) des Kunden?". Hierbei wird ein Perspektivwechsel von der Außen- auf die Innensicht und somit auf die Eigenschaften des zu konstruierenden Produktes vollzogen.

Pflichtenheft

Das gewünschte Ziel – 400 g Kartuschen in 60 g Gebinde umzufüllen – wird mit einem System realisiert, dass für die verschiedenen, gefüllten und leeren Gebindegrößen (400 g und 60 g) über jeweils separate Eingangs- und Ausgangsspeicher verfügt. Die Umfüllung findet in drei Teilsystemen statt: dem Trennsystem, dem Fettspeicher und dem Abfüllsystem. Die Konstruktion berücksichtigt alle Rahmenbedingungen (60 g Gebinde wie 400 g Kartusche verwendbar, ...) und sie erfüllt alle Kundenwünsche und -anforderungen (automatischer Betrieb, Umfülldauer max. 2 Min pro 400 g Kartusche, ...). Ferner können erweiternde Funktionen, wie das Schreddern der leeren 400 g Fett-Kartuschen integriert werden.

2.2.2 Anforderungsliste

Die Anforderungsliste ist das Produktdokument, das zur Erledigung des erteilten Konstruktionsauftrages als rechtsverbindliches Medium für den Informationsaustausch zwischen dem Auftraggeber und dem Konstrukteur dient. Die Anforderungsliste ist ein sehr dynamisches Dokument, das während des gesamten Konstruktionsprozesses aktiv fortgeschrieben und modifiziert wird, sodass der Detaillierungsgrad stetig wächst. Zu jeder Änderung müssen alle beteiligten Partner eine Stellungnahme abgeben. Der Aufwand zur Erstellung einer guten Anforderungsliste wird oft unterschätzt und er entspricht dem der folgenden Konstruktionsphasen. Die Anwendung eines Anforderungsmanagements (Requirement Engineering) kann eine effiziente und fehlerarme Entwicklung komplexer Systeme unterstützen.

Die Anforderungsliste ist nicht gleich dem Lastenheft zu setzen, sie enthält vielmehr neben den explizit formulierten initialen Anforderungen und Wünschen des Kunden an das fertige Produkt auch dessen impliziten Erwartungen. Weiter enthält sie auch die Forderungen und Wünsche aller Stakeholder, also aller aktiv oder passiv sowie direkt oder indirekt am Konstruktionsprozess beteiligten Einzelpersonen, Personengruppen und Organisationen, die ein berechtigtes Interesse am Verlauf oder am Ergebnis der Konstruktion haben. Dies können neben dem Hersteller auch Produktnutzer, Servicemitarbeiter, Entsorger, Gesetzgeber, Berufsgenossenschaften und viele weitere sein.

Anforderungen und Wünsche werden kategorisiert in:

- Funktionsanforderungen/-wünsche die sich auf den Produktzweck beziehen.
- Qualitätsanforderungen/-wünsche die sich auf nicht-funktionale Produkteigenschaften beziehen, wie z. B. geräuscharm, hitzebeständig usw.
- Periphere Anforderungen/Wünsche die sich auf beschränkenden Rahmenbedingungen beziehen, wie z. B. Gesetze, Normen usw.

Anforderungen und Wünsche unterscheiden sich ferner bezüglich ihrer möglichen Erfüllungsgrade. Anforderungen müssen von einer konstruktiven Lösung unter allen

Umständen eingehalten werden, sonst ist die Lösungsvariante abzulehnen. Anders bei Wünschen; Lösungen können auch ohne ihre Erfüllung akzeptiert werden. Wünsche können überdies priorisiert werden in solche mit hoher, mittlerer oder geringer Bedeutung. Anforderungen differenzieren sich in Fest- und Grenzanforderungen (Minimal-/Maximalforderung) sowie in Quantitäts- und in Qualitätsanforderungen. Die zu bevorzugenden Quantitätsanforderungen können eineindeutig objektiv mittels eines Zahlenwertes und einer Einheit (z. B. 50 mm) beschrieben werden, wogegen die begrifflich beschriebenen, attributiven Qualitätsanforderungen nicht immer eindeutig sind. So hängt etwa der Wert „winterfest" u. a. davon ab, welche Umweltbedingungen einem Winter zugeschrieben werden und diese sind ihrerseits variabel, da die Umweltbedingungen eines Winters ortsabhängig sind.

Aufgrund der besonderen Bedeutung von Anforderungslisten als Kommunikationsmedium im gesamten Konstruktionsprozess, ist eine allgemein verständliche und standardisierte Form unerlässlich. Daher empfiehlt es sich, die einzelnen Anforderungen und Wünsche z. B. nach dem Muster einer syntaktischen Satzschablone zu formulieren, und diese in einem Formular mit allen erforderlichen administrativen Informationen zu dokumentieren (s. Abb. 2.3).

Anforderungsliste mit syntaktischer Satzschablone

2	3	5	6
Pos.	F/W	Formulierung	Werte, Daten
1	F	Die Trennung der Fettfüllung von 400 g Kartuschen muss automatisch vom System erfolgen.	Betriebsart = Vollautomatik
2	F	Für die Trennung der Fettfüllung von einer Kartusche darf das System maximal 2 Minuten benötigen.	$t_{Umfüllung} \leq 2\,^{min}/_{Kartusche}$

Zur Erstellung von Anforderungslisten sind unterschiedliche Methoden bekannt. Für die Analyse und die Spezifikation von Funktionsanforderungen bietet sich

1	2	3	4	5	6	7	8
Änd.-Zustand	Position	Forderung (F) Wunsch (W)	Gewichtung	Formulierung	Werte, Daten	Datum	Verantwortlichkeit
...	...	...	...	...	...	...	...

syntaktische Satzschablone
– mit Grammatikbezug –

System / Produkt (Prädikat)	&	Notwendigkeit (Modalverb)	&	aktives Element (Subjekt)	&	Passives Element (Objekt)	&	Aktion / Prozess (Verb)

Abb. 2.3 Anforderungsliste – produktbezogener Inhaltsbereich

z. B. die Anwendung von Anforderungskatalogen in Kombination mit einer deduktiven Präzisierungsmethode an (s. Tab. 2.1). Bei Qualitätsanforderungen ist für denselben Zweck etwa die Szenario-Methode geeignet und für Restriktionsanforderungen z. B. die Canvas (Leinwand) Methode.

Wünsche werden ebenso wie die Forderungen erfasst, jedoch mit dem Vermerk „W – Wunsch" in Spalte 3 und ggf. einem Gewichtungsfaktor in Spalte 4.

Präzisierungsmethoden konkretisieren und detaillieren im Top-Down-Prinzip schrittweise allgemeine Anforderungen, indem sie diese z. B. mittels W-Fragen solange hinterfragen bis der gewünschte Präzisionsgrad erreicht ist.

Funktionsanforderung

Pos. 2:   *allgemeine Anforderung*   Umfüllzeit: $t_{Umfüllung} \leq 2^{\ min}/_{Kartusche}$

Welche Schritte sind erforderlich?   Kartusche öffnen und entleeren
Wie wird die Kartusche geöffnet?   zwei unterschiedliche Verschlüsse:
                                            a) Aufsteckdeckel → abziehen
                                            b) Aufreißverschluss → abreißen

Was geschieht mit den Verschlüssen?   a) → wiederverwenden
                                      b) → entsorgen
präzisierte Anforderungen

i) Das Teilsystem zur Trennung der Fettfüllung von einer Kartusche umfasst das 2-fache öffnen (Aufsteck- und Aufreißdeckel) und das entleeren der Kartusche.
ii) Der gesamte Trennungsprozess darf maximal 2 Minuten pro Kartusche dauern.
iii) Der Aufsteckdeckel muss wiederverwendet werden.
iv) Der Aufreißdeckel muss entsorgt werden.

Tab. 2.1 Anforderungskatalog (Auszug)

Hauptmerkmal	Beispiele
Geometrie	Verfügbarer Raum, Maße, Anzahl, Anordnung, Anschluss, …
Kinematik	Bewegungsart und -richtung, Geschwindigkeit, Beschleunigung, …
Kräfte	Größe, Richtung, Lastfall, zul. Verformung, kritische Frequenzen, …
Sicherheit	Arbeits- und Umweltsicherheit, Unfallverhütungsvorschriften, …
Fertigung	Verfügbare Fertigungsmittel, Qualitätsforderungen, Toleranzen, …
Transport	Gewicht, Hauptabmessungen, …
Ergonomie	Körpergerechte Gestalt, Stellkräfte, Griffigkeit, …
Gebrauch	Geräuscharmut (dBA), Verschleißrate, Einsatzort, …
Termin	Ende der Entwicklungszeit, Lieferzeit, …
…	…

Bei der Formulierung von Qualitätsanforderungen kann die Szenariomethode besonders helfen. Bei ihrer Anwendung wird der gesamte Produktlebenszyklus aus einer übergeordneten und langfristigen Perspektive betrachtet um mögliche künftige Entwicklungen zu analysieren und die Zusammenhänge aufzudecken. Ausgehend von der Inbetriebnahme bis zur Entsorgung werden drei Szenarien entworfen, wobei die bestehenden Informationslücken mit Fantasie und Kreativität geschlossen werden:

- Positiv-Szenario   Wie könnte die Zukunft im besten Fall aussehen?
- Negativ-Szenario   Wie könnte die Zukunft im schlimmsten Fall aussehen?
- Trend-Szenario   Wie könnte die Zukunft aussehen, wenn sich die aktuelle Situation wie heute erwartet weiterentwickelt?

In der Analyse der Szenarien können konkrete Maßnahmen erkannt werden, mit denen bereits in der Produktentwicklungsphase künftigen Negativentwicklungen entgegengewirkt werden und so die Nachhaltigkeit des Produktes gesteigert werden kann.

Qualitätsanforderung
präzisierte Anforderung – Pos. 2 i) Das Trennsystem ... umfasst das 2-fache öffnen
(... und Aufreißdeckel) ... der Kartusche.

- Positiv-Szenario   Der Aufreißdeckel lässt sich problemlos entfernen.
- Negativ-Szenario   Die Lasche des Aufreißdeckels reißt ab, der Deckel kann daher nicht funktionsgerecht geöffnet werden.
- Trend-Szenario   Die Lasche des Aufreißdeckels ist schwer zu erfassen.

erweiterte, weiter präzisierte Anforderung

Das Erfassen und das Öffnen des Aufreißdeckels muss zuverlässig erfolgen, so dass ein störungsfreien Betrieb gewährleistet ist.
Werte, Daten: zulässige Störquote ≤ 1 %

Die besonders für die Formulierung von Restriktionsanforderungen geeignete Canvas-Methode bietet einen schnellen und umfassenden Überblick über die verschiedenen Sichtweisen der Stakeholder. Aus den jeweiligen Stakeholder-Perspektiven können hintergründige Aspekte abgeleitet und entsprechende Restriktionsanforderungen identifiziert werden. Canvas können unterschiedliche Informationen enthalten, für Produkt-Canvas ist das Layout (s. Abb. 2.4) geeignet.

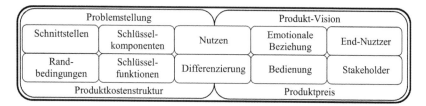

Abb. 2.4 Produkt-Canvas

Restriktionsanforderung

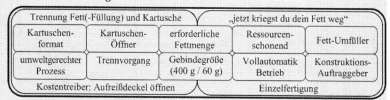

⇨ *abgeleitete hintergründige Aspekte*

→ Gesetzte, Vorschriften und Regeln des Umwelt- und des Gesundheitsschutzes sind zu beachten.

⇨ *identifizierte Restriktionsanforderungen*

→ Hinweise zum/r Umgang, Handhabung, Lagerung, Transport, Entsorgung des Schmierfettes müssen gemäß der Sicherheitsdatenblätter beachtet werden.

→ Die Fettkartuschen müssen mindestens zu 99,5 % geleert werden.

  Werte, Daten: $Fett_{Rest} \leq 2$ g/Kartusche (zulässige Restfettmenge)

Aus der Aufgabenpräzisierung hat sich neben neuen Anforderungen und Wünschen quasi nebenbei auch eine präzisierte Black-Box für das Teilsystem „Trennen" herausgebildet:

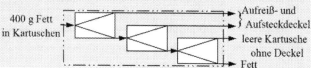

Lösungskonzeption 3

In der Konzeptionsphase werden unterschiedliche Prinziplösungen für das konstruktive Problem erarbeitet und bewertet und eine weiter zu verfolgende Prinziplösung ausgewählt. Hierzu werden ausgehend von der Anforderungsliste und von der Aufgabenpräzisierung in einem systematischen und strukturierenden Prozess zunächst Teilprobleme identifiziert und definiert. Anschließend werden für erkannten Teilprobleme in einem kreativen und abstrahierenden Prozess eine Vielzahl von Lösungsprinzipien erarbeitet, welche nachfolgend miteinander kombiniert und final zu möglichen Prinziplösungen für die gesamte Konstruktionsaufgabe verknüpft werden. Während der Analyse- und Syntheseprozesse sind methodengeleitet vielfältige Bewertungen durchzuführen und Entscheidungen zu treffen.

3.1 Funktionsstrukturen

Die erarbeitete Aufgabenpräzisierung besitzt für die Problemlösung meist eine zu geringe Detailierung, sodass der Konzeptionsprozess mit einer tiefgründigen Analyse der vom fertigen Produkt zu erfüllenden Funktionen durchzuführen ist. Hierzu muss zunächst die Gesamtfunktion in Teilfunktionen und diese wiederum in Einzelfunktionen gegliedert werden. Geeignete Medien hierzu sind z. B. hierarchische strukturierte Funktionenbäume und verknüpfte Funktionennetze.

3.1.1 Funktionenbäume

Hierarchische Funktionenbäume bilden ausgehend von der Gesamtfunktion über Basisfunktionen und sich anschließenden Folge- und Parallelfunktionen eine zunehmend komplexer werdende Tiefenstruktur ab (s. Abb. 3.1). Der Zusammenhang

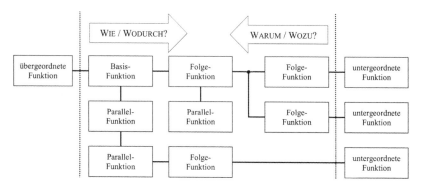

Abb. 3.1 Funktionenbäume

zwischen den einzelnen Funktionen ist ausgehend von der Gesamtfunktion durch eine Kette von WIE- oder WODURCH-Fragen beschrieben, die umgekehrte Richtung durch eine Kette von WARUM- oder WOZU-Fragen.

Zur Erstellung eines Funktionenbaums ist es hilfreich, wenn bereits während der Aufgabenklärungsphase mittels der elementaren Operationen eine präzisierte Blackbox erarbeitet wurde. In diesem Fall sind neben der Gesamtfunktion bereits die Basisfunktionen bekannt, sodass aus diesen die untergeordneten Funktionen abgeleitet werden können, indem jeweils WIE- bzw. WODURCH-Frageketten gebildet werden, die in atomaren Einzelfunktionen enden.

Funktionenbaum

Für das Anwendungsbeispiel „Fettmenge je Gebinde reduzieren" kann der folgende Funktionenbaum entwickelt werden:

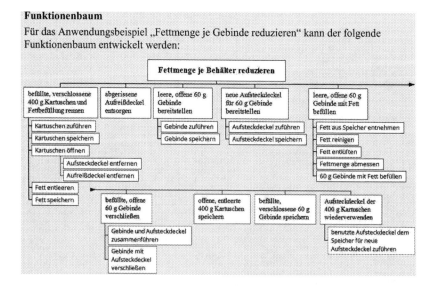

3.1.2 Funktionennetze

Funktionennetze verknüpfen in ihrer Grundform die hierarchisch organisierten Funktionenäste der einzelnen Basisfunktionen miteinander und bilden so die Gesamtfunktion als ein Netzwerk von Einzelfunktionen ab. Da technische Systeme zur Zweckerfüllung aber neben den hauptsächlichen Basisfunktionen und ihren untergeordneten Funktionenästen immer auch nebensächliche Hilfsfunktionen benötigen, ist eine Erweiterung des Grundnetzes für die endgültige Lösungsfindung unerlässlich.

In der Analogie zur Systemtheorie kann die Grundform des Funktionennetzes erweitert werden, indem für jede Einzelfunktion geklärt wird, welche Größen in die Funktion eingehen und welche Größen am Ausgang erwartet werden. Ferner müssen für eine einwandfreie Problemlösung neben den erwünschten Größen auch potenzielle Störgrößen betrachtet werden. Hierbei wirken Immissionen auf die Funktion ein und Emissionen gehen von der Funktion aus. Um den Systemgedanken abzurunden sind als mögliche Umsatzgrößen immer „Energie", „Information" und „Stoff" (vgl. Abb. 3.2) zu betrachten, wobei zu bedenken ist, dass nicht immer alle Größen in Erscheinung treten müssen. Die gefundenen „neuen" Abhängigkeiten und Beziehungen werden in das erweiterte Funktionennetz eingebunden.

Funktionennetz

Für das Anwendungsbeispiel „Fettmenge je Gebinde reduzieren" kann der entwickelte Funktionenbaum in die folgende Grundform des Funktionennetzes (ohne Energie- und Informationsflüsse) überführt werden:

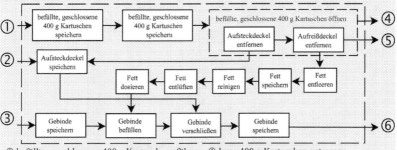

① befüllte, geschlossene 400 g Kartusche zuführen   ④ leere 400 g Kartuschen entsorgen
② Aufsteckdeckel für 60 g Gebinde speichern   ⑤ Aufreißdeckel entsorgen
③ leere, offene 60 g Gebinde zuführen   ⑥ befüllte, geschlossene 60 g Gebinde abführen

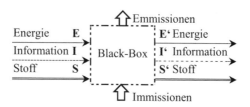

Abb. 3.2 systemtheoretische Blackbox

3.2 Wirkstrukturen

Wirkstrukturen verbinden die erarbeiteten abstrakten Funktionsstrukturen mit den
später auszuarbeitenden realen körperlich-räumlichen Bauteilen und Baugruppen.
Hierzu werden physikalische Effekte mit geeigneten Effektträgern an den Wirkort
angepasst und in Form der qualitativen Wirkgeometrie beschrieben. Das Suchen,
das Finden und das Beschreiben der Wirkgeometrie ist eine, wenn nicht sogar die
anspruchsvollste konstruktive Tätigkeit. Sie setzt ein hohes Maß an Kreativität
und tief greifendes Technik- und Techologiewissen aber auch ein umfangreiches
Erfahrungs- und Erscheinungswissen voraus.

3.2.1 Teilwirkstrukturen

Wirkstrukturen für Einzelfunktionen oder kleine Funktionsgruppen werden entwickelt, indem mögliche Wirkprinzipien gesucht werden. Diese Prinzipien
werden materiell durch Funktionsträger verkörpert. Die naturwissenschaftlich-technischen Effekte der Wirkprinzipien können immateriell mathematisch
mit Geometriebezug beschrieben werden. Hierzu ein Beispiel:

> Für die Funktion „*trennen eines Nusskerns von seiner harten Schale*" ist eine
> konstruktive Lösung gesucht.
> Mögliche Wirkprinzipien sind u. a. das Zerstören der Schale durch einen
> Hebel oder einen Keil, zwischen dem die Schale zertrümmert wird. Der Druck
> eines in das Innere der Nuss eingeleiteten Gases kann die Schale ebenso wie
> deren Erwärmung zum Zerbersten bringen. Auch denkbar ist das Zerschlagen
> der Schale mit einem Werkzeug oder durch Ausnutzung der Erdanziehungs-
> kraft im freien Fall. Weiter kann die Schale sukzessive durch raspeln oder ähn-
> liche Trennverfahren abgetragen werden.

Als Funktionsträger kommen für die benannten Wirkprinzipien folgende infrage: Zange (Hebel), Schraubzwinge (Keil), Kohlendioxid (Lebensmittelgas), Heißluft (Erwärmung), Hammer (Zerschlagen), freifallende Kugel (freier Fall), Raspel (Trennverfahren).

Eine mathematische Beschreibung der Wirkeffekte sei hier nur exemplarisch für das mechanisch-geometrische Prinzip „Hebel" und den Funktionsträger „Zange" in Abb. 3.3 gegeben.

Die Suche von Wirkprinzipien kann methodisch durch Kreativitätstechniken (z. B. 635-Methode) oder durch systematische Hilfemittel (z. B. Konstruktionskataloge) unterstützt werden. Nachdem die Wirkprinzipien gefunden sind, können die mit ihnen assoziierten Funktionsträger systematisch abgeleitet und die betreffenden mathematisch-technischen Zusammenhänge beschrieben werden.

Konstruktionskataloge sind für die Suche nach Wirkprinzipien besonders geeignet, da sie Sammlungen bekannter und bewährter Lösungen für spezifische konstruktive Probleme in einer systematischen und übersichtlichen Form zusammenstellen. Neben der direkten Lösungsübernahme kann das Lesen von Konstruktionskatalogen aber auch in gedanklichen Prozessen kreative Lösungen generieren und das technische Verständnis vertiefen. Als Beispiel sei hier die Bereitstellung von Reaktionskräften gegen das Öffnen eines Verschlusses (nach Roth) genannt (vgl. Abb. 3.4).

Abb. 3.3 Nussknacker – Hebelprinzip

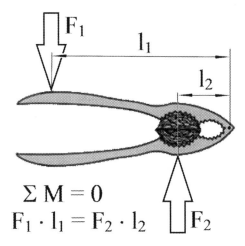

$$\Sigma M = 0$$
$$F_1 \cdot l_1 = F_2 \cdot l_2$$

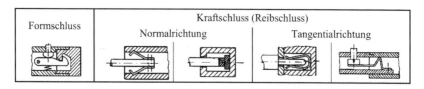

Abb. 3.4 Reaktionskräfte gegen das Öffnen eines Verschlusses

Wirkstruktur und Funktionsträger

Mögliche Wirkstrukturen und geeignete Funktionsträger für die Teilfunktion
„Aufsteckdeckel entfernen" sind:

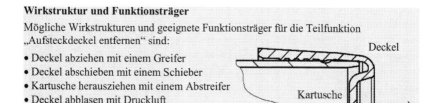

• Deckel abziehen mit einem Greifer
• Deckel abschieben mit einem Schieber
• Kartusche herausziehen mit einem Abstreifer
• Deckel abblasen mit Druckluft
• Deckel abschmelzen mit Heißluft
• ...

3.2.2   Teilwirkstrukturkombination

Wirkstrukturen für Reihen von Folge- oder Parallelfunktionen, also für komplexe
Funktionsgruppen entstehen durch die Kombination und Verknüpfung der Wirkstrukturen der beteiligten Einzelfunktionen.

Eine Methode zur Kombination der einzelnen Wirkstrukturen stellt z. B. der
„Morphologische Kasten" dar. Dieser Kasten ist eine aus Zeilen und aus Spal-
ten bestehende Tabelle, die den Lösungsraum aufspannt. In den untereinander-
liegenden Zeilen werden für jede Einzelfunktion nebeneinander alle möglichen
Wirkstrukturen benannt. Hierbei muss nicht für alle Funktionen dieselbe Anzahl
an Wirkstrukturen vorhanden sein.

Innerhalb des Lösungsraumes können unterschiedliche Lösungsvarianten
durch verschiedene Lösungspfade gekennzeichnet werden, indem von oben
nach unten je Zeile bzw. Einzelfunktion eine Wirkstruktur ausgewählt und
mittels einer Linie mit der nächsten Wirkstruktur der nächsten Einzelfunktion
verbunden wird. Hierbei bestehen bereits schon bei kleinen Lösungsräumen
hunderte Kombinationsmöglichkeiten, die unmöglich alle weiterverfolgt werden können.

Eine erste Vorauswahl erfolgt aufgrund der hohen Anzahl an Kombinationsmöglichkeiten bereits mit der Kennzeichnung einzelner Lösungspfade in dem Morphologische Kasten. Damit diese Auswahl aber nicht nur subjektiv und vorurteilsbehaftet einem irrationalen „Bauchgefühl" folgt, ist eine methodische Unterstützung zwingend geboten. Eine mögliche Methode ist z. B. die COCD-Box. Mihilfe der Methode COCD-Box (vgl. Abb. 3.5) können sowohl konservative als auch originelle Lösungskonzepte gefunden werden. Hierzu werden zunächst alle technologisch grundsätzlich denkbaren Konzepte unreflektiert durch entsprechende Pfade im morphologische Kasten gekennzeichnet. Anschließend werden die Lösungspfade Klassifiziert in:

- Now-Pfad   Wenig originell, aber leicht realisierbar.
- Wow-Pfad   Hoch originell und leicht realisierbar.
- How-Pfad   Hoch originell und vielversprechend, aber schwer realisierbar.

Nach der Klassifikation der Lösungskonzepte können etwa zwei bis vier Pfade aus jeder Klasse (Now, How, Wow) für die weitere Verfolgung ausgewählt werden. Es ist darauf zu achten, dass insgesamt nicht zu wenige und nicht zu viele Lösungspfade ausgewählt werden; praktikabel sind ca. drei bis zwölf.

Morphologischer Kasten

Das mechanische Abziehen des Aufsteckdeckels von der Kartusche mit einem Greifer oder mit einem Abstreifer kann mit unterschiedlichen Bewegungsverläufen realisiert werden. Die wirkrelevanten Bewegungsgrößen können unter Vernachlässigung der Bewegungsbeschleunigung und der Bewegungsgeschwindigkeit wie folgt kombiniert werden:

Wirkgrößen	Varianten		
Relativbewegung	Kartusche ruhend – Deckel bewegt	Kartusche bewegt – Deckel bewegt	Kartusche bewegt – Deckel ruhend
Bewegungsanzahl	Einweg-Bewegung	Hin- und Her-Bewegung	Dauer-Bewegung
Bewegungsart	translatorisch (geradlinig)	rotatorisch (kreisbahnförmig)	kombiniert (kurvenbahnförmig)
Bewegungsrichtung	gleichbleibend (Zugbewegung)	gleichbleibend (Schubbewegung)	alternierend (wechselnd)
Bewegungsform	gleichförmig	oszillierend	ungleichförmig

● Now-Lösung (leicht realisierbar, wenig originell)
◼ How-Lösung (schwer realisierbar, sehr originell)
▼ Wow-Lösung (leicht realisierbar, sehr originell)

Abb. 3.5 COCD-Box

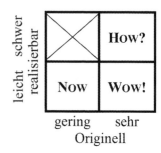

3.3 Prinzipskizzen

Der Übergang von der abstrakt-funktionellen zur konkret-gestaltlichen Produktentwicklungsebene wird durch die Erstellung von Prinzipskizzen eingeleitet. Konstruktionsbezogene Prinzipskizzen sind eine besondere Art von Skizzen, die nicht mit der Skizzenart verwechselt werden darf, die von Designern, Künstlern, Naturwissenschaftlern, Ärzten oder ähnlichen Berufsgruppen verwendet wird um komplexe und nur schwer darstellbare Sachverhalte oder Zusammenhänge mehr oder weniger künstlerisch zu veranschaulichen. Das Wesen konstruktionsbezogener Prinzipskizzen sowie den Zusammenhang zwischen der vorher entwickelten abstrakten Funktionsstruktur sowie der nachfolgend zu entwerfenden, auszuarbeitenden und in einer Technischen Zeichnung zu dokumentierenden konkreten Bauteilgestalt zeigt das Beispiel in Abb. 3.6.

Konstruktionsbezogene Prinzipskizzen helfen insbesondere die abstrakten funktionsvertretenden Wirkstrukturen in eine mögliche räumliche Gestalt zu überführen. Hierbei liegt der Fokus jedoch nicht auf der oft nur sehr abstrakt bis symbolisch veranschaulichten Gestalt, sondern vielmehr auf der räumlichen

Abb. 3.6 Visualisierungsformen – Beispiel Fest-Los-Lagerung einer Welle

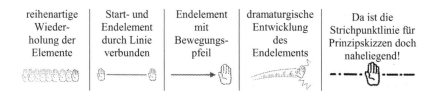

Abb. 3.7 Darstellungsformen von Bewegungen

Anordnung der einzelnen funktionstragenden Gestaltelemente, wie z. B. Gleitflächen, Verbindungspunkte o. Ä.

Für Maschinen, die nach den Prinzipien der mechanischen Technik – also mithilfe von der Bewegung einzelner Bauteile – ihren Zweck erfüllen, müssen in den Prinzipskizzen außerdem immer auch die funktionsrelevanten Bewegungsmöglichkeiten und auch die Möglichkeiten Bewegungen zu verhindern darstellen. In Zeichnungen, die statische Momentaufnahmen sind, ist jedoch eine Bewegungsdarstellung schwierig. Aus der Comicwelt sind folgende Darstellungsformen bekannt (vgl. Abb. 3.7).

In konstruktionsbezogenen Prinzipskizzen werden Bewegungen allgemeine mithilfe von Strich-Punkt-Linien und von Bewegungspfeilen veranschaulicht. Die Linien kennzeichnen die Bewegungsbahnen und die Pfeile zweigen die Bewegungsrichtung an. Darüber hinaus sind aus der VDI-Richtlinie 3952 einige Symbole zur vereinfachten Darstellung in der Kinematik (vgl. Abb. 3.8) bekannt, die zusätzlich die Darstellung zeitbezogener Elemente (Halt, Verweilen, Ende usw.) ermöglichen.

Prinzipskizzen

Für die konstruktive Lösung des mechanischen Abziehens des Aufsteckdeckels von der Kartusche mit Hilfe eines Abstreifers sind u. a. die folgend skizzierten Prinziplösungen möglich:

a) Kartusche ruhend,   b) Kartusche kontinierliche   c) Kartusche wechelnd ge-
   Deckel geradlinie Bewegung   Pilgerschrittbewegung,   radliniege Bewegung,
   bis zum Bewegungsende   Deckel ruhend   Deckel kombiniert gerad-
                                                                           linig und drehend

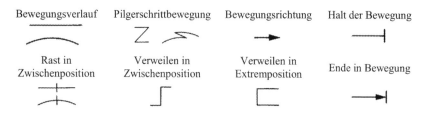

Bewegungsverlauf	Pilgerschrittbewegung	Bewegungsrichtung	Halt der Bewegung
Rast in Zwischenposition	Verweilen in Zwischenposition	Verweilen in Extremposition	Ende in Bewegung

Abb. 3.8 Vereinfachte Darstellungen in der Kinematik

3.4   Lösungsbeurteilung

Während der Lösungssuche entwickeln sich von der funktionellen Beschreibung der Konstruktionsaufgabe über die Kombination von Teilwirkstrukturen bis hin zur Erstellung von Prinzipskizzen mitunter sehr viele (z. T. einige Hundert) Lösungskonzepte. Da im Weiteren Konstruktionsprozess aber nur wenige Konzepte effektiv weiterverfolgt werden können, ist eine Reduzierung der Lösungskonzepte zwingend erforderlich. Die Verringerung findet in folgendem dreistufigen Beurteilungsprozess statt; der Vorauswahl, der Bewertung und der Auswahl.

In dem Beurteilungsprozess ist zu bedenken, dass die Beurteilungsqualität einerseits mit dem Zeiteinsatz wächst, und dass andererseits die zur Verfügung stehende Beurteilungszeit mit zunehmender Konzeptanzahl abnimmt. Dementsprechend beginnt die Beurteilung von vielen Konzeptlösungen mit einer schnellen aber nur minderwertigen Auswahl. Mit Verringerung der Lösungsanzahl erfolgt ein höherer Zeiteinsatz und somit folgt eine höhere Beurteilungsqualität. Hier dran wird deutlich, dass prozessbedingt das letztlich ausgewählte Lösungskonzept nicht zwangsweise das optimalste ist. Daher sollte auch keine schnelle und oberflächliche Vorauswahl erfolgen, sondern eine gewissenhafte, unvoreingenommene und lösungsoffene.

3.4.1   Konzeptvorauswahl

Die Auswahl weiter zu entwickelnder Lösungskonzepte ist insbesondere zur Beherrschung der Variantenvielfalt erforderlich. Eine erste diesbezügliche Vorauswahl erfolgt üblicherweise bereits während der Kombination möglicher Teilwirkstrukturen (vgl. Abschn. 3.2.1), indem nur einige wenige (3 – 12) Kombinationsmöglichkeiten mehr oder weniger subjektiv (z. B. mithilfe der

COCD-Box) vorausgewählt werden. Nur diese Lösungskonzepte werden im Weiteren beurteilt. Zum Abschluss der Vorauswahl erscheinen i. d. R. drei bis sechs Lösungskonzepte für die weitere Beurteilung als eine sinnvolle und praktikable Anzahl.

Das erste und entscheidendsten Auswahlkriterium ist die „Anforderungserfüllung"; es gilt: Alle Konzepte, die mindestens eine Anforderung nicht erfüllen und nicht derart verändert werden können, dass sie alle Anforderungen erfüllen, scheiden für die weitere Konstruktion aus.

Eine weitere Reduzierung der verbleibenden Lösungskonzepte erfordert zunächst, dass für alle Konzepte eine gleiche Aussagenbasis geschaffen wird, aufgrund derer sie kriteriengleich verglichen und ausgewählt werden können. Dies kann mithilfe von bekannten Methoden, wie der Dominanzmatrix, dem Paarvergleich o. Ä. geschehen. Als besonders hilfreiche Methode hat sich auch die Auswahlliste (vgl. Abb. 3.9) erwiesen, in der alle Lösungsvarianten aufgeführt und nach generellen Kriterien bewertet werden.

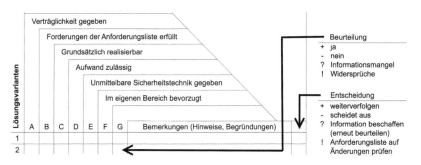

Die Kriterien A „Verträglichkeit mit der Aufgabe und/oder zwischen den Kriterien gegeben" und B „Forderungen der Anforderungsliste erfüllt" beurteilen die grundsätzliche Eignung (ja oder nein) eines Lösungskonzepts. Sobald ein Kriterium mit „nein" beurteilt wird, scheidet die Lösungsvariante aus und sie wird nicht weiter beurteilt.
Die Kriterien C „Realisierbarkeit" und D „Aufwand" erfordern meist quantitative Aussagen, die unter „Bemerkungen" zu erläutern sind. Ein Über- oder Unterschreiten zulässiger oder gewünschter Werte kann im Einzelfall durchaus sinnvoll sein, so dass ggf. die Anforderungsliste zu überprüfen und zu modifizieren ist.
Weitere Kriterien können bei vielen Lösungsvarianten helfen deren Anzahl weiter zu reduzieren. Kriterienbereiche können u. a. sein: Technologie (Montierbarkeit, Verschleiß usw.), Qualität (Prüfbarkeit, Wartung usw.), Wirtschaftlichkeit (Herstellungs-, Betriebskosten usw.), Ressourcen (Verfügbarkeit, Lizenzen usw.).

Abb. 3.9 Auswahlliste mit Ausfüllhinweisen

3.4.2 Konzeptbewertung

Zur Konzeptbewertung sind zunächst aus den Anforderungen und Wünschen der
Anforderungsliste Bewertungskriterien herzuleiten und mit möglichst objektiven
Bewertungsskalen zu hinterlegen. Anschließend sind für alle Lösungsvarianten
alle Kriterien mit einer Wertungszahl zu bewerten. Um Fehlbewertungen zu
vermieden empfiehlt es sich auch hier den Vergleich der zu bewertenden Eigenschaften mit den definierten Zielen methodengeleitet durchzuführen.

Als Bewertungskriterien dienen die Anforderungen und Wünsche der
Anforderungsliste, die bei Bedarf um weitere Kriterien ergänzt werden können. Den Kriterien wird eine Bewertungsskala zugeordnet, mit der eine Rangfolge der Lösungsvarianten ermittelt werden kann; z. B. niedrig I mittel I hoch.
Der sprachlich beschriebenen Bedeutung der Ränge muss eine Bewertungszahl
zugeordnet werden, sodass der Variantenvergleich mathematisch erfolgen kann.
Üblich ist eine gleichmäßig verteilte Punktevergabe; z. B. niedrig = 1 Punkt I mittel = 2 Punkte I hoch = 3 Punkte. Für die Anzahl der Punkte je Skala gilt: Desto
ähnlicher sich die Prinziplösungen sind, desto mehr Skalenwerte sind zu deren
eindeutiger Unterscheidung erforderlich. Oft verwendete Skalen sind in Abb. 3.10
dargestellt.

Die Konzeptbewertung erfolgt, indem für jede Lösungsvariante und für
jedes Kriterium der Zielerfüllungsgrad bestimmt und mit einer Maßzahl, die
einer der Bewertungszahlen entspricht, bewertet wird. Durch einfach Addition
der Maßzahlen kann eine Rangfolge der Prinziplösungen bestimmt werden; die
höchste Punktzahl ergibt sich bei der besten Lösung und belegt damit den ersten
Rang usw.

VDI 2225 Technisch-wirtschaftliche Bewertung				
Bedeutung	unbefrie-digend	gerade noch tragbar	ausreichend	gut	sehr gut / ideal
Bewertungszahl	0	1	2	3	4

Nutzwertanalyse / Punktwertverfahren				
Bedeutung	unbrauchbar	mangelhaft	schwach	tragbar	ausreichend
Bewertungszahl	0	1	2	3	4
Bedeutung	befriedigend	noch gut	gut	sehr gut	ideal
Bewertungszahl	5	6	7	8	9

Abb. 3.10 Bewertungsskalen

Dem einfachen Additionsansatz liegt die Annahme zugrunde, dass alle einzelnen Kriterien gleichwichtig sind und somit gleichbewertet in die Bewertungssumme eingehen. Diese Annahme stimmt aber nur in den seltensten Fällen. Daher wird oft für jedes Kriterium ein Gewichtungsfaktor eingeführt, aus dem durch Multiplikation mit der Bewertungszahl eine Wertungszahl berechnet wird; z. B. eine ausreichende Zielerfüllung eines Kriteriums wird mit 2 Punkten bewertet und der Gewichtungsfaktor beträgt ½, dann ergibt sich eine Wertungszahl von $2 \cdot \frac{1}{2} = 1$. Durch die Addition der Wertungszahlen kann wiederum die Rangfolge der Prinziplösungen bestimmt werden.

Die Gewichtungsfaktoren werden in der Praxis häufig nach dem Ermessen des Konstrukteurs oder auch in Absprache mit dem Auftraggeber subjektiv nach dem „Bauchgefühl" festgelegt. In einfachen und offensichtlichen Fällen ist dies eine sinnvolle und zulässige Vorgehensweise. Tatsächlich sind Gewichtungsfaktoren aber keine einfachen Faktoren, sondern sie sind stochastische Größen, deren Bestimmung die Anwendung entsprechender statistischer Methoden erfordert, die ihrerseits u. a. die Objektivität des Faktors gewährleisten.

Eine Rangfolge beschreibt die Lage der Lösungsvarianten zueinander, nicht aber ihren Ähnlichkeitsgrad. So können sich zwei rangmäßig benachbarte Prinziplösungen sehr ähnlich sein oder auch aufgrund fehlender Zwischenlösungen äußerst unähnlich. Dieser Mangel kann durch die Ermittlung der Wertigkeit der Prinziplösungen, die neben der Lage der Lösungen zueinander auch deren relativen Abstand angibt, behoben werden. Zur Berechnung der Wertigkeit wird die Summe der Wertungszahlen einer Prinziplösung durch die Summe der maximal erreichbaren Punktezahl geteilt. So besitzt z. B. eine Lösungsvariante, die in 3 Kriterien, die nach VDI 2225 bewertet wurden (maximal $3 \cdot 4 = 12$ Punkte), eine Bewertungssumme von 6 Punkten erreicht hat, eine Wertigkeit von $6 \div 12 = \frac{1}{2}$.

Konzeptbewertung

Die Prinziplösungen des mechanischen Abziehens des Aufsteckdeckels von der Kartusche mit Hilfe eines Abstreifers können wie folgt bewertet werden:

| g : Gewichtungsfaktor | | Lösungsvariante | | | | | |
| p : Bewertungszahl (0 … 4) | | A | | B | | C | |
Bewertungskriterium	g	p	p · g	p	p · g	p	p · g
1	einfache Bewegungsform	2	4	8	2	4	1	2
2	Handhabung der Kartusche	0,5	4	2	3	1,5	3	1,5
3	Handhabung des Deckels	1	3	3	4	4	1	1
max. Punktesumme = 14	Summe			13		9,5		4,5
	Wertigkeit (mit Gewichtung)		0,93		0,68		0,32	
	Rang		1		2		3	

3.4.3 Konzeptauswahl

Mit der Konzeptbewertung ist nicht zwangsweise auch schon die Konzeptaus-
wahl getroffen, vielmehr sind meistens mehrere Bewertungsdimensionen gegeneinander abzuwägen. Um endgültig ein Lösungskonzept auszuwählen ist es
erforderlich die Kriterien entsprechend der Dimensionen zu klassifizieren, die
Klassen getrennt voneinander zu bewerten und die Bewertungsergebnisse der
verschiedenen Prinziplösungen visuell darzustellen und zu vergleichen. Die
Art der Visualisierung richtet sich nach der Anzahl der zu berücksichtigenden
Bewertungsdimensionen.

Eine Klassifizierung der Bewertungskriterien kann nach vielfältigen Aspekten geschehen, einige sind in den Ausfüllhinweisen zu Auswahllisten (vgl.
Abb. 3.9) benannt; dies sind: Technologie, Qualität, Wirtschaftlichkeit und
Ressourcen. Weitere Dimensionen können sich produkt- oder anwenderspezi-
fisch ergeben, wie z. B. Ergonomie oder Transport & Lagerung, oder sie können
sich durch die Abtrennung aus einer bestehenden Dimension ergeben, wie z. B.
Wirtschaftlichkeit: Herstellungskosten vs. Betriebskosten. Angemerkt sei, dass
die folgenden Ausführungen zur Klassendarstellung auch für einelementige
Klassen gelten, also auch für die Gegenüberstellung der Bewertung einzelner
Kriterien geeignet sind.

Die Darstellung eindimensionaler Bewertungen einer einzelnen Kriterienklasse kann z. B. an einem Zahlenstrahl erfolgen, der entweder die Rangfolge
oder die Wertigkeit der verschiedenen Lösungsvarianten veranschaulicht. An den
Zahlenstrahlen in Abb. 3.11 kann gut der Unterschied zwischen dem Rang und
der Wertigkeit einer Prinziplösung erkannt werden.

Bei zweidimensionalen Bewertungen werden die Wertigkeiten der beiden
gegenübergestellten Bewertungsdimensionen meist in einem Stärkediagramm
dargestellt. Die am häufigsten in einem Stärkediagramm dargestellte zwei-
dimensionale Konzeptbewertung stellt die technische Wertigkeit der wirtschaftlichen Wertigkeit gegenüber (vgl. Abb. 3.12). Das Stärkediagramm bietet in
einer räumlichen Darstellung auch eine Visualisierungsmöglichkeit für dreidimensionale Bewertungen.

Lösungsvariante	A	B	C	D
Rang	4	2	1	3
Wertigkeit	0,35	0,75	0,88	0,60

Abb. 3.11 Visualisierung eindimensionaler Bewertungen

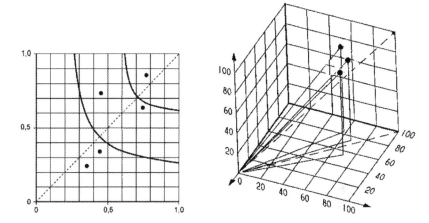

Abb. 3.12 zwei- und dreidimensionales Stärkendiagramm

Mehrdimensionale Bewertungen sind nicht in einer einfachen Form darstellbar. Für die Veranschaulichung und Gegenüberstellung mehrerer Bewertungsdimensionen eignet sich aber z. B. ein Netzdiagramm (vgl. Abb. 3.13). In diesem wird jede Kriterienklasse durch eine vom Zentrum nach außen verlaufende Achse vertreten. Auf den Achsen werden wie bei der eindimensionalen Bewertungsdarstellung nach außen gerichtete Skalenstrahlen gezeichnet. Die Skalenwerte werden anschließend zu einem Hilfsnetz verbunden. Zum Vergleich werden für jedes Lösungsprinzip die Werte alle Kriterienklassen auf den Achsen markiert und die Werte miteinander verbunden, sodass sich eine umschlossene Fläche ergibt. Die übereinanderliegenden Bewertungsflächen können miteinander verglichen werden; die Stärken und die

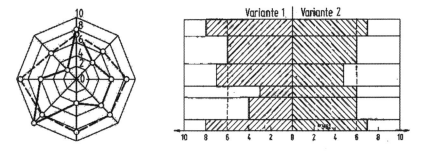

Abb. 3.13 Visualisierung mehrdimensionaler Bewertungen

Schwächen der einzelnen Lösungen im Vergleich zu den anderen werden in ihrer Gesamtheit deutlich.

Eine qualifiziertere Darstellung mehrdimensionaler Bewertungen liefert ein Werteprofil (vgl. Abb. 3.13), indem die Bewertung der einzelnen Kriterienklassen durch die Zuordnung einer gewichteten Klassenhöhe eine weitere Dimension erhält. Ferner kann in dem Profil auch der Klassen- oder der Gesamtmittelwert eingezeichnet werden, sodass Abweichungen von diesem zur Schwachstellenanalyse genutzt werden können. Des Weiteren können durch Spiegelung auch unmittelbar zwei Lösungsvarianten sehr differenziert miteinander verglichen werden.

Nachdem die Konzeptbewertungen veranschaulicht und miteinander verglichen wurden kann die Auswahl des weiter zu verfolgenden Lösungskonzepts erfolgen. Die Auswahl sollte immer gemeinsam mit dem Auftraggeber in einem Prozess stattfinden, in dem die Vorteile und die Nachteile gegeneinander abwägt werden. Wie viele nach der Vorauswahl verbleibende Lösungskonzepte im weiteren Konstruktionsprozess weiterverfolgt werden, hängt von vielen Faktoren ab, wie z. B. der Aufgabenstellung, der Unterschiedlichkeit der Lösungsvarianten, den verfügbaren Ressourcen usw. Sinnvoll erscheint es meist anfänglich zwei bis drei Prinziplösungen weiter zu verfolgen. In einer späteren Konstruktionsphase können erneute Bewertungs- und Auswahlprozesse die Variantenanzahl schließlich bis auf eins reduzieren.

Entwurf 4

In der Entwurfsphase wird eine ausgewählte und noch sehr unkonkrete Prinziplösung bezüglich ihrer Baustruktur präzisiert. Hierbei entwickelt sich in den folgenden Phasen und auf unterschiedlichen Ebenen allmählich aus einem detaillosen Erstentwurf ein detailreicher Konstruktionsentwurf des gesamten Produkts und seiner Bauteile:

• Formgebung	Festlegung der funktionsrelevanten Bauteilformen und ihrer räumlichen Anordnung zueinander.
• Dimensionierung	Grobe maßliche Beschreibung der Bauteilformen.
• Werkstoffauswahl	Festlegung der Werkstoffe der funktionsrelevanten Bauteile.
• Ausgestaltung	Vollständige maßliche und figürliche Beschreibung der funktionsrelevanten Bauteile.

4.1 Gestaltungsebenen

Bei dem Entwurf eines Produktes sind vielfältige Aspekte aus seinem gesamten Lebenszyklus zu bedenken, so z. B. aus den Bereichen Herstellung, Nutzung, Entsorgung usw. Als Konstruktionshilfen zur Bewältigung der komplexen Abhängigkeiten und Beziehungen während der Herstellung, Nutzung und Entsorgung des Produktes wurden unzählige Prinzipien, Regeln, Normen, Richtlinien, Vorschriften und Empfehlungen formuliert, an denen sich der Konstrukteur während des Entwurfs und während der Gestaltung der Bauteile orientieren kann. Einige werden folgend kurz erläutert.

© Springer Fachmedien Wiesbaden GmbH, ein Teil von Springer Nature 2019
M. Hahne, *Systematisches Konstruieren*, essentials,
https://doi.org/10.1007/978-3-658-25905-1_4

4.1.1 Gestaltungsregeln

Die grundlegenden Gestaltungsregeln sind konstruktive Selbstverständlich-
keiten, deren Einhaltung oftmals im komplexen und z. T. unübersichtlichen
Konstruktionsprozess übersehen wird.

• Eindeutigkeit	Allen Bauteilen und Baugruppen ist eindeutig eine Funktion zugeordnet. Energie-, Informations- und Stoffflüsse sind eindeutig gestaltet und klar erkennbar. Alle Bauteile bzw. Baugruppen sind so gestaltet, dass durchzuführende Berechnungen fehlerfrei möglich sind.
• Einfachheit	Komplexe Systeme sind eindeutig in eine überschaubare Anzahl von Baugruppen gegliedert und es werden möglichst wenige Bauteile und Baugruppen verwendet. Die Formgestalt der Bauteile ist einfach gehalten. Die Kontakt- oder Schnittstellen zwischen Bauteilen untereinander und zu Baugruppen sind klar erkennbar.
• Sicherheit	Alle Bauteile und Baugruppen sind bezüglich Funktionssicherheit, Gefahrenminderung für Mensch und Umwelt und Arbeitsschutz gestaltet.

4.1.2 Gestaltungsprinzipien

Gestaltungsprinzipien sind übergeordnete Grundsätze, die beim Entwurf von
technischen Bauteilen und Systemen beachtet werden sollen um möglichst
zweckmäßige Lösungen zu erzielen. Insofern erweitern sie die Anforderungsliste;
z. B. um den Wunsch bzw. die Forderung nach Minimierung von Kosten, Volu-
men usw. oder nach Maximierung des Handhabungskomforts.

Gestaltungsprinzipien umfassen meist nur wenige lösungsneutral formulierte
Kriterien, deren Einhaltung aber gute bis optimale konstruktive Lösungen ver-
sprechen. Einige Prinzipien sind:

• Prinzip der Kraftleitung
• Prinzip der Aufgabenteilung
• Prinzip der Selbsthilfe
• ...

4.1.3 Gestaltungsrichtlinien

Gestaltungsrichtlinien sind Vorgaben für die Gestaltung technischer Systeme. Sie sind meist sehr konkret formuliert und können u. a. Berechnungsvorschriften, Lösungsvorschläge oder Beispiellösungen umfassen. Ihr Ziel ist es sicherzustellen, dass bei der Produktgestaltung die beste verfügbare Technik zum Einsatz kommt. Gestaltungsrichtlinien können einen mehr oder weniger verbindlichen Charakter besitzen, von der Firmeninternen Richtlinie bis hin zur rechtsverbindlichen europäischen Maschinenrichtlinie, die ein einheitliches Schutzniveau zur Unfallverhütung regelt. Auf jeden Fall beschreiben Gestaltungsrichtlinien den aktuellen Technikstandard und werden durch die vertragliche Klausel „Stand der Technik" rechtlich bindend.

Für die praktische Gestaltungsarbeit sind Gestaltungsrichtlinien wertvoll, da sie für viele Gestaltungsaspekte pointiert beschreiben, welche Anforderungen die Konstruktion aus Sicht des jeweiligen Aspektes erfüllen muss. Einige Richtlinien sind:

- Fertigungsgerechte Gestaltung
- Toleranzgerechte Gestaltung
- Ergonomiegerechte Gestaltung
- ...

4.2 Formgebung

Die Formgebung ist der gestaltende Akt im engeren Sinn, hier bekommen die Bauteile eine Körperlichkeit mit allen ihren Eigenschaften. Zugleich bekommen mehrere Bauteile durch ihre räumliche Anordnung zueinander in Baugruppen ihre technische Bedeutung. In dieser Repräsentationsform ist es dem Konstrukteur möglich die technischen Objekte gedanklich wie reale Objekte handzuhaben, zu bewegen, zu manipulieren und zu modifizieren.

Der Formgebungsprozess kann ausgehend von einer Prinzipskizze bis zu Stützstrukturen, die weiter körperlich auszuarbeiten sind, in folgenden Phasen verlaufen (vgl. Abb. 4.1):

1. Die funktionsrelevanten Orte in ihrer räumlichen Anordnung und möglichst proportional zeichnen.
2. Die Funktionsorte mithilfe von Wirklinien, die als Strich-Punkt-Linien gezeichnet werden können, verbinden.

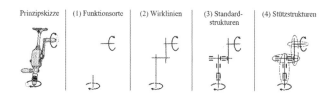

| Prinzipskizze | (1) Funktionsorte | (2) Wirklinien | (3) Standard-strukturen | (4) Stützstrukturen |

Abb. 4.1 Formgebungsprozess – handbetriebene Bohrmaschine

3. Die erste Struktur um bekannte Strukturen und/oder Standardstrukturen ergänzen.
4. Stützpunkte kennzeichnen und strukturell verbinden.

Während der einzelnen Formgebungsschritte können mehrere alternative Varianten entwickelt werden, die abschließend zu bewerten und auszuwählen sind. Bei der Variation der Strukturen können einfache geometrische Operationen helfen, wie beispielsweise Spiegelungen oder Wechsel der Reihenfolge, der Form, der Teilung, der Lage, der Anordnung usw.

4.3 Dimensionierung

Nachdem die Formen der Bauteile und Baugruppen entworfen sind, müssen deren Maße festgelegt werden. Dies geschieht hinsichtlich der Funktionserfüllung, der Haltbarkeit und der Sicherheit des Produktes auf der Grundlage der mechanisch-geometrisch-stofflichen Beziehungen zu den von außen einwirkenden Kräften und Momenten. Der Prozess der maßlichen Festlegung wird Dimensionierung genannt.

Die Dimensionierung startet mit folgendem Dilemma: Einerseits sind die Maße und die Werkstoffe noch nicht bekannt und andererseits erfordern die mechanischen Berechnungen diese Informationen. Einen Ausweg bietet eine erste grobe Entwurfsberechnung der Bauteile, die auf vielen Vereinfachungen beruht, so z. B. der Annahme von unspezifischen Erfahrungswerten, der Reduzierung auf elementare Beanspruchungsfälle, der Verwendung sehr ungenauer Faustformeln usw. sowie der Annahme häufig verwendeter Werkstoffe und inbegriffen deren Werkstoffkennwerte. Die endgültige exakte Bemessung erfolgt erst später während der Ausarbeitung.

Die Dimensionierung unterscheidet sich ferner sowohl im Rechenaufwand als auch in der Genauigkeit des Ergebnisses von der exakt geführten technologischen Berechnung, die auf mathematisch-naturwissenschaftlichen Regeln beruht. Hierzu s. Abb. 4.2 als Beispiel einer Wellendimensionierung.

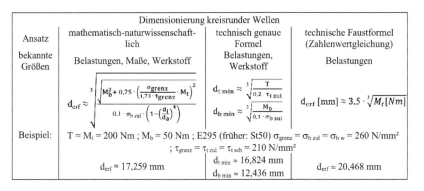

Abb. 4.2 Dimensionierung – mögliche Formelansätze

Der in diesem Beispiel berechnete erforderliche Wellendurchmesser wird in der Entwurfsphase auf einen technisch sinnvollen Wert aufgerundet. Da Normteile, wie z. B. Kugellager, in dem ermittelten Durchmesserbereich üblicherweise in 5 mm Schritten gestuft sind, erscheint hier zweckmäßig einen Wellendurchmesser von 20 mm zu wählen. Der Vergleich der Ergebnisse zeigt, dass eine Faustformel in diesem Konstruktionsstadium hinreichend genaue Ergebnisse liefert. Ein exakter Haltbarkeitsnachweis kann erst erbracht werden, wenn die Gestalt vollständig bekannt ist, dies schließt Oberflächenbeschaffenheiten, Wärmebehandlungen, Werkstoff, konstruktive Kerben usw. ein.

4.4 Werkstoffauswahl

Die Auswahl der Werkstoffe für die funktionstragenden Elemente stellt sich meist als die Suche nach einem optimalen Kompromiss zwischen den Forderungen nach einer dauerhaften Funktionserfüllung, einem nutzerorientierten Gebrauch, einer rationellen Fertigung und einer wirtschaftlichen Beschaffung und ggf. Entsorgung heraus. Hierbei können unterschiedliche Werkstoffeigenschaften von Bedeutung sein, so die technologischen Eigenschaften (Gießbarkeit, Schweißbarkeit, Zerspanbarkeit usw.), die chemischen Eigenschaften (Korrosionsbeständigkeit, Hitzebeständigkeit usw.) oder die physikalischen Eigenschaften (Dichte, Wärmedehnung, elektrische Leitfähigkeit usw.). In der Konstruktion sind insbesondere die mechanischen Eigenschaften (Festigkeit, Verformbarkeit, Zähigkeit, Härte) von Bedeutung, da sie für eine dauerhafte und sichere Funktionserfüllung unerlässlich sind. Zu den naturwissenschaftlich-technischen

Eigenschaften können ökonomischen Eigenschaften (Beschaffungs- und ggf. Entsorgungskosten usw.) sowie Gebrauchseigenschaften (Handhabbarkeit, Transport usw.) hinzukommen. Welche dieser Eigenschaften bei der Auswahl im Konfliktfall der Vorzug gegeben wird, hängt auch von der Unternehmensphilosophie ab. Nach der Auswahl der erforderlichen und ggf. auch der gewünschten Werkstoffeigenschaften wird zunächst das Suchfeld weiter eingeschränkt, indem aufgrund ihrer gruppenspezifischen Eigenschaften eine Werkstoffgruppe (Metalle, Nicht-Metalle, Keramiken, Kunststoffe, Naturstoffe, Verbundwerkstoff usw.) ausgewählt wird. So kann z. B. einem nachwachsenden Naturstoff der Vorzug vor Aluminium gegeben werden, das zur Herstellung einen sehr hohen Energieeinsatz erfordert. Oder einer Keramik wird aufgrund der tendenziell höheren Verschleißfestigkeit und geringen Dichte der Vorzug vor einem Metall gegeben.

Die meistverwendete Werkstoffgruppe im Maschinenbau ist die der Metalle und hier sind es insbesondere die Stähle. In Abhängigkeit des Kohlenstoffgehalts und ggf. des Gehalts von Legierungselementen (Aluminium, Chrom, Nickel usw.) können die Eigenschaften des Stahls sehr unterschiedlich sein. Auch können die Eigenschaften eines Stahls im Herstellungsprozess gewollt oder ungewollt verändert werden, z. B. durch Wärmebehandlung oder durch Umformprozesse.

Bei den Stählen werden grundsätzlich einerseits Baustähle von Qualitäts- und Edelstählen und andererseits unlegierte von niedrig- und hochlegierten Stählen unterschieden. Jede der unterschiedenen Stahlsorten ist für einen bestimmten Einsatzbereich besonders geeignet. Zur Erläuterung hier einige Beispiele: Die preisgünstigen, unlegierten und nur bedingt für die Wärmebehandlung geeigneten Baustähle werden für geschweißte und für nicht-geschweißte Trag-Stütz-Konstruktionen sowie für einfache, statisch und gering belastete Maschinenteile verwendet. Für höher und dynamisch belastete Maschinenelemente werden meist Einsatz- oder Vergütungsstähle verwendet, die auch für eine Wärmebehandlung geeignete sind. Für den Einsatz in korrosiven Umgebungen sind nicht rostende Edelstähle besonders geeignet.

Da heute mehrere zehntausend unterschiedliche Werkstoffe am Markt angeboten werden, ist es schwer den richtigen zu finden. In der Praxis werden Werkstoffe oft aufgrund firmenspezifischer Standards oder individueller Erfahrungen des Konstrukteurs ausgewählt. Bei einer Neukonstruktion empfiehlt es sich aber immer auch eine softwareunterstützte Werkstoffauswahl durchzuführen, da nur so neue und innovative Werkstoffe in der Konstruktion berücksichtigt werden können.

4.5 Ausgestaltung

Die Ausarbeitung zielt auf eine erste maßstäbliche Technische Zeichnung, deren Detailtiefe sehr variiert. Während die funktionsrelevanten Elemente sowohl bezüglich ihrer Form und Lage als auch ihrer Maße, Abmaße, Toleranzen, Oberflächengüten usw. detailreich und vollständig beschrieben werden, werden alle funktionell untergeordneten Elemente meist nur vereinfacht oder symbolisch beschrieben und dargestellt. Diese besondere Form der Technischen Zeichnung, in der alle Bauteile zugleich und mehr oder weniger detailliert in ihrer funktionsfähigen Anordnung beschrieben sind, wird Konstruktionszeichnung genannt.

Konstruktionszeichnungen werden nach den Regeln des Technischen Zeichnens und meistens von Hand als Bleistiftzeichnung erstellt. Hierbei können zwei gleichermaßen geeignete Techniken angewendet werden, zum einen die gebundene Zeichnungserstellung auf einem rein weißen Zeichenblatt mit Zeichenbrett, Lineal, Zirkel und Schablonen, und zum anderen die ungebundene, freihändige Zeichnungserstellung auf einem karierten Blatt, am besten auf Millimeterpapier.

Bei der zeichnerischen Ausgestaltung einer konstruktiven Prinziplösung werden unterschiedliche Strategien im Wechsel angewendet. Eine effektive Gestaltungsstrategie ist die Bottom-Up-Strategie, bei der von innen nach außen gestaltet wird. Hierbei entsteht eine Schnittzeichnung, in der das funktionsrelevante Element quasi in der obersten Ebene liegt und alle darunterliegenden Strukturen verdeckt; so ist das, was wichtig ist immer gut zu sehen. Auf die vollständige Darstellung der nicht funktionsrelevanten Strukturen wird i. d. R. verzichtet, so fehlt z. B. oft die räumliche Gestalt von Gehäusen. Die fehlenden Gestaltelemente werden später in der Ausarbeitungsphase ergänzt.

Die Gestaltung beginnt bei der Bottom-Up-Strategie mit den Hauptfunktionselementen (z. B. Achsen, Wellen, Führungen usw.) und den Schnittstellen des Produktes (z. B. Bedienelemente, Werkzeugaufnahmen usw.). Um diese werden schrittweise Trag- und Stützelemente (z. B. Lager, Gestelle, Gehäuse) gestaltet. Hierbei wird oftmals die fallvergleichende Strategie angewendet, bei der aus bereits bekannten Konstruktionen einzelne Strukturen entnommen und auf den neuen Entwurf übertragen werden. Anschließend wird die Konstruktion vervollständigt, indem Verbindungselemente (z. B. Schrauben, Stifte usw.) und weitere funktionell erforderliche aber untergeordnete Maschinenelemente (z. B. Dichtungen, Ölschaugläser usw.) in die räumliche Gestalt integriert werden. Diese Elemente werden zeichnerisch meist nur symbolisch und oft unvollständig dargestellt.

Ausarbeitung

5

Nach der kreativen Konzeption und dem gestalterischen Entwurf folgt die handwerkliche Ausarbeitung, deren Hauptziel es ist, das Produkt in seinem fertigen und dauerhaft haltbaren Nutzungszustand derart zu beschreiben, dass die einzelnen Bauteile hergestellt und geprüft werden können, und dass die einzelnen Bauteile, Baugruppen und das gesamte Produkt montiert werden können. Ferner sind alle benötigten Zukaufteile, Normteile und Halbzeuge zu beschreiben, sodass diese in der erforderlichen Qualität beschafft werden können.

Die Tätigkeiten in der Ausarbeitungsphase unterscheiden sich grundlegend von denen der vorhergehenden Phasen. Insbesondere werden i. d. R. keine Varianten mehr entwickelt und es finden dementsprechend keine Bewertungen und Auswahlen statt. Und da die Ausarbeitung nahezu algorithmisch nach mehr oder weniger festen Regeln erfolgt, tritt die Intuition des Konstrukteurs u. a. gegenüber einem ausgeprägten fertigungs- und montagetechnischen Wissen in den Hintergrund. Daher gilt die Ausarbeitungsphase auch als postkonstruktive Phase.

Des Weiteren erfolgt die Ausarbeitung heute weitestgehend mithilfe digitaler Werkzeuge (z. B. CAD, Berechnungssoftware), die viele Schnittstellen zu anderen digitalen Werkzeugen (z. B. PDM, CAM) besitzen und in das gesamtunternehmerische Datenverarbeitungssystem (z. B. ERP, MES) integriert sind.

Die Ausarbeitung verläuft in den Schritten Strukturierung, Designung und Klarstellung sowie übergreifenden Berechnungen. Während der Strukturierung wird das gesamte Produkt in kleinere und damit überschaubarere Baugruppen geteilt, deren funktionelle und mechanische Zusammenhänge bestehen bleiben und deren struktureller Zusammenhang in einer Stückliste beschrieben wird. Darüber hinaus wird während der Strukturierung auch die Teileart der einzelnen Bauteile festgelegt und hiermit zugleich entschieden, welche Teile in den Phasen Designung und Klarstellung weiter ausgearbeitet und für die Fertigung

© Springer Fachmedien Wiesbaden GmbH, ein Teil von Springer Nature 2019
M. Hahne, *Systematisches Konstruieren,* essentials,
https://doi.org/10.1007/978-3-658-25905-1_5

beschrieben werden müssen und welche Bauteile zugekauft und daher nicht
weiter beschrieben werden müssen.

5.1 Strukturierung

Den Ausgangspunkt der Ausarbeitungsphase stellt die ausgestaltete Konstruktionszeichnungen dar. Anhand dieser erfolgt in einem ersten Schritt die Auf-
teilung des gesamten Produktes in Baugruppen. Die weitere Ausarbeitung kann
dann zunächst weitestgehend isoliert in den einzelnen Baugruppen erfolgen. Die
funktionellen und die mechanischen Zusammenhänge zu den benachbarten Baugruppen müssen jedoch an den Schnittstellen zu diesen stets beachtet werden.

5.1.1 Baugruppen

Baugruppen sind in sich geschlossene aber wieder zerstörungsfrei zerlegbar Ein-
heiten, die aus mehreren Einzelteilen bestehen und auch Unterbaugruppen enthalten können. Die Bildung von Baugruppen ist i. d. R. montageorientiert, d. h.
Baugruppen sind Module, die als eine Baueinheit montiert werden können, wie
z. B. ein Autositz, der aus einem Rahmen, Federn, einem Bezug usw. besteht.
Einem anderen Ordnungskriterium folgen Baukastenkonstruktionen, die durch
die Variation funktionsgleicher Module individualisierte Produkte wirtschaftlich
ermöglichen, wie z. B. verschiedene Bezüge und Farben von Autositzen.
   Die Dokumentation von Baugruppen geschieht mittels Baugruppenzeichnungen,
die auch Montage- oder Zusammenbauzeichnungen genannt werden, sowie einer
zugehörigen Stückliste, in der die Einzelteile und ggf. Unterbaugruppen aufgelistet
sind. Die Verknüpfung zwischen der Zeichnung und der Stückliste erfolgt mithilfe
von Positionsnummern, die fortlaufend sein können oder einer vorgegebenen Syste-
matik folgen.

5.1.2 Teilearten

Die einzelnen in einem Produkt verbauten Bauteile können bezüglich vielfältiger
Merkmale unterschiedlichen Teilearten zugeordnet werden. Aus konstruktiver
Sicht ist eine strukturbezogene Einteilung der Bauteile in Normteile, Kaufteile
und Fertigungsteile sinnvoll.

Für Normteile sind alle Merkmale in einer Norm festgelegt und vollständig beschrieben.

Die beachtenswerte Bedeutung der Normteile für die Konstruktion besteht darin, dass keines ihrer Merkmale verändert werden darf; sonst handelt es sich nur noch um ein Fertigungteil mit dem Status eines der Norm ähnlichen Bauteils. Somit muss sich eine Konstruktion uneingeschränkt den Eigenschaften von Normteilen anpassen. Des Weiteren werden strukturell auch einzelne Baugruppen, die immer gemeinsam verbaut und ggf. ausgetauscht werden, als ein Bauteil betrachtet. So ist z. B. ein Kugellager, das aus einen Außenring, einem Innenring, mehreren Wälzkörpern, einem Käfig usw. besteht für die Konstruktion ein Einzelteil und keine Baugruppe, da das Lager immer nur in seiner Gesamtheit eingebaut bzw. ausgetauscht wird.

Kaufteile werden wie Normteile nicht selbst hergestellt, sondern zugekauft. Der Unterschied besteht darin, dass von Kaufteilen i. d. R. nur einige wenige, nicht aber alle Merkmale bekannt sind; einige werden vom Hersteller nie preisgegeben, andere können ggf. erfragt werden. Auch hier gilt, wenn ein Kaufteil aus mehreren Einzelteilen besteht wird es aus konstruktiver Sicht immer als ein Bauteil gedeutet.

Die Fertigungsteile sind für den weiteren Konstruktionsverlauf von besonderer Bedeutung, da nur sie eine Festlegung aller Merkmale und Eigenschaften erfordern und erlauben, also nur sie ausgearbeitet werden. Selbst- oder fremdgefertigt werden alle Bauteile, die nicht kostengünstiger als Norm- oder als Kaufteil beschafft werden können. Möglich ist es auch, dass Norm- oder Kaufteile als Vorfertigteil verwendet werden und eine Bearbeitung dieser erfolgt, z. B. indem zusätzliche Bauteile angebracht werden oder indem sie z. B. aufgebohrt, gekürzt o. ä. werden.

5.1.3 Stücklisten

Stücklisten zählen alle Einzelteile eines Produktes mengenmäßig mit ihren Benennungen und ihren Identifikationsnummern bzw. Normkurzbezeichnungen auf. Ferner können weitere Informationen, wie z. B. über den Werkstoff, das Halbzeug o. Ä. aufgelistet sein. Die Verknüpfung der tabellarischen Stückliste mit der Technischen Zeichnung wird durch Positionsnummern hergestellt.

Stücklisten sind wichtige Dokumente für den gesamten Produktlebenszyklus, von der Konstruktion über die Arbeitsplanung, die Materialbeschaffung, die Qualitätssicherung bis hin zur Ersatzteil- und Entsorgungswirtschaft. Da jede stücklistenverarbeitende Abteilung jeweils spezifische Informationen benötigt, werden verschiedene Stücklistenarten unterschieden; die wichtigsten sind:

- **Mengenstücklisten** sind einfache, mengenmäßige Auflistungen der Produktbestandteile (Einzel-, Norm-, Kaufteile) ohne strukturbezogene Zusammenhänge und ohne Angabe der Teileart.
- **Strukturstücklisten** sind fertigungsstufenbezogene Auflistungen der Produktbestandteile (Einzel-, Norm-, Kaufteile und ggf. Baumgruppen) mit dem Fokus auf den strukturbezogenen Zusammenhängen und den Teilearten.
- **Baukastenstücklisten** sind Stücklisten der obersten Strukturebene mit Verweis auf die enthaltenen Baugruppen und auf die nicht gruppierten Einzelteile. Für die enthaltenen Unterbaugruppen existieren eigene unabhängige Stücklisten.

Während der Ausarbeitung wird eine Konstruktionsstückliste erstellt. Dies ist eine einfache Mengenstückliste ohne eine Unterscheidung von Einzelteilen und Baugruppen. Mit der Verwendung von strukturierten Positionsnummern (1.1, A.1 o. ä.) anstelle fortlaufender Nummern (1, 2, …), wie sie von CAD-Systemen angeboten werden, kann der fehlende Strukturbezug einfach behoben werden.

5.2 Designung

Während der Ausarbeitung wird der Werkstoff und die Form der Fertigungsteile vollständig für die folgende Herstellung festgelegt und beschrieben. Die Formgebung in der Designphase unterscheidet sich von jener während der Entwurfsphase darin, dass beim Entwerfen die Körperlichkeit der Teile mitunter ohne die Beachtung technologischer Einschränkungen und ohne Berücksichtigung der Wechselwirkungen zu benachbarten Bauteilen usw. beschrieben wurde. Das Design beinhaltet hingegen eine Vielzahl von Aspekten die über die rein äußerliche Formgestaltung hinaus geht, insbesondere alle indirekten und logisch bedingten Merkmale und Eigenschaften. Des Weiteren sind die Formbeschreibungen der Entwurfsphase häufig unvollständig und müssen beim designen ergänzt und/oder konkretisiert werden.

5.2.1 Norm- und Kaufteile

Der produktive Designprozess beginnt mit der Informationsbeschaffung über die aufgelisteten Norm- und Kaufteile. Von besonderer Bedeutung sind die geometrischen Beschreibungen der Schnittstellen zu benachbarten Bauteilen, da diese für die Fertigungsteile zwingend zu berücksichtigende Vorgaben sind. Zur besseren

Reproduzierbarkeit und Qualitätssicherung des Konstruktionsprozesses werden die gefundenen Informationen in Form von Skizzen, Norm- oder Katalogauszügen mit den zugehörigen Maßtabellen dokumentiert und die Quellen referenziert. Beim Einsatz von CAD-Systemen können 3D-Modelle der Norm- bzw. Kaufteile von Herstellern oder aus Teilebibliotheken in einer übergeordneten Baugruppe platziert werden. Um diese Vorgaben herum kann dann das Fertigungsteil in der sogenannten Top-Down-Methode gestaltet werden. Nach dem Export des Fertigungsteils kann dieses dann als Einzelteil designed werden.

5.2.2 Fertigungsteile

Zu Beginn der Designung von Fertigungsteilen muss immer geklärt werden, aus welcher Ausgangsform die Fertigform hergestellt werden kann. Mit der Antwort untrennbar verbunden ergeben sich dann mögliche Fertigungsverfahren und spezifische Formalternativen.

- **Einfache flache Bauteile,** die außer parallelen Deckflächen keine räumliche Struktur aufweisen, wie Unterlegscheiben o. Ä., können z. B. aus Blechen, Bändern oder Flachstählen herausgetrennt werden.
- **Einfache flache und in einer Ebene gebogene Bauteile,** wie Rohrschellen o. Ä., können z. B. ebenfalls aus Blechen, Bändern oder Flachstählen herausgetrennt und zusätzlich durch Biegen oder mittels anderer geeigneter Verfahren umgeformt werden.
- **Einfache räumliche Bauteile** können meist durch Trennen und/oder durch Umformen aus stabförmigen Halbzeugen hergestellt werden.
  Halbzeuge sind genormte oder am Markt angebotene, nichtgenormte Vorprodukte. Zu ihnen zählen neben den flachen Blechen, Bändern und Flachstählen auch Stäbe und Rohre mit unterschiedlichen Querschnitten (rund, quadratisch, T-, L-, I- oder Z-förmig usw.) als auch vielfältige Profilstäbe mit z. T. komplexen Querschnitten.
  Bei einer stark von der Form des Halbzeuges abweichenden Fertigform können die Halbzeugformen vor der Endbearbeitung etwa durch Schmieden oder anderer Verfahren in eine Zwischenform gebracht werden.
  Für die Konstruktion von Gestellen, Gehäusen o. Ä. werden ferner komplette Profilsysteme angeboten, deren Komponenten mittels Zusatzteilen zu räumlichen Strukturen ohne weitere Bearbeitungsschritte verschraubt werden können.

- **Komplizierte, offene oder geschlossene räumliche Bauteile** können nicht in einfacher Weise aus Halbzeugen hergestellt werden, sie erfordern vielmehr aufwendigere Fertigungsverfahren, die wiederum spezifische Ausgangsformen erfordern. Für die Schaffung komplizierter Formen stehen das Fertigen aus dem Vollen, das Massivumformen, das Schweißen, das Gießen sowie die additiven Verfahren zur Verfügung.

  Beim Fertigen aus dem Vollen werden komplizierte Strukturen aus einem einfachen Block herausgetrennt. Als Verfahrensvarianten sind alle trennenden Fertigungsverfahren geeignet, u. a. Sägen, Bohren, Fräsen, Drehen, Erodieren.

  Bei der Massivumformung werden aus einem geometrisch einfachen Ausgangskörper durch Materialumlagerungen und entsprechenden Querschnittänderungen dreidimensionale Körper geformt. Verfahrensvarianten sind etwa das Schmieden, das Pressen und das Kneten.

  Beim Schweißen werden zwei oder mehr Vorformen gemeinsam örtlich begrenzt erschmolzen und nach dem Erstarren der Schmelze sind diese dann unzertrennbar und dauerhaft miteinander verbunden. Als Vorformen werden meist einfache Halbzeuge, wie z. B. Bleche, Rohre, Profilstäbe o. ä. verwendet.

  Beim Gießen entstehen die räumlichen Strukturen, indem flüssiger Werkstoff in eine Form gegossen wird und in dieser erstarrt. Das Gießen erfordert die vorherige Herstellung von Gussmodellen oder Gussformen. Durch die Verwendung geteilter Formen sind nahezu alle denkbaren Formen herstellbar.

Nachdem auf der Grundlage der räumlichen Gestalt des Fertigteils ein Fertigungsverfahren und die spezifischen Vorformen ausgewählt wurden, wird die Ausarbeitung im Detail verfahrensspezifisch fortgesetzt. Hierbei sind die einzelteilbezogenen Gestaltungsrichtlinien, wie fertigungsgerechte (bohr-, biege-, schweißgerecht usw.) Gestaltung, aber auch baugruppenbezogene und produktbezogene Gestaltungsrichtlinien, wie z. B. die montagegerechte oder die handhabungsgerechte Gestaltung usw., zu berücksichtigen. Mithin ist die Ausarbeitung von Fertigungsteilen ein hochkomplexer und vielperspektivischer Prozess, der insbesondere umfangreiches fertigungstechnologisches Wissen erfordert.

5.3   Klarlegung

Die Klarlegung dient der vollständigen und eindeutigen Beschreibung der geometrischen und werkstoffbezogenen Eigenschaften der Fertigungsteile sowie der Angabe der jeweils zulässigen Abweichungen von den Nennwerten. Die Eigenschaften können in drei Bereiche aufgeteilt werden:

- **Eigenschaften der Grobgestalt** beziehen sich auf die einzelnen Formelemente des Fertigteils, wie z. B. Absätze, Bohrungen, Abrundungen, Fasen, Kanten usw. Die Größe dieser Elemente wird mithilfe von Formmaßen (Länge, Radius, Durchmesser, Winkelmaß) beschrieben und anwendungsspezifisch mit zulässigen Abmaßen oder mit Bezug auf eine Toleranznorm toleriert.
  Eine weitere Eigenschaft der Grobgestalt ist die Form der einzelnen Geometrieelemente, wie z. B. gerade oder gekrümmte Kanten, ebene oder gewölbte Flächen oder räumliche Körper (z. B. Zylinder). Zulässige Formabweichungen werden mithilfe von Formtoleranzen, wie z. B. Geradheit, Ebenheit, Rundheit, Zylinderform, Linienform oder Flächenform beschrieben.
  Zur Grobgestalt gehört ebenfalls die Lage von verschiedenen Geometrieelementen zueinander. Die bezugsabhängige Lage wird maßlich mithilfe von Lagemaßen (Länge, Winkel usw.) beschrieben und mit Orts- (Position, Konzentrizität, Koaxialität, Symmetrie), Richtung- (Parallelität, Rechtwinkligkeit, Neigung) oder Lauftoleranzen (Planlauf, Rundlauf, Gesamtplanlauf, Gesamtrundlauf) toleriert.
- **Eigenschaften der Feingestalt** beziehen sich auf die körperliche Oberfläche der Geometrieelemente, die u. a. fertigungs- und handhabungsbedingt immer von der idealen geometrischen Form abweicht. In der Klarlegung wird jedoch nicht die gesamte Oberflächenunvollkommenheit betrachtet, sondern nur die prozessbedingte vorhersehbare; so bleiben beispielsweise Krater und Ablagerungen unerwähnt, während die zulässige Ausprägung der Rillen, Riefen, Schuppen und Kuppen unter dem Begriff der Rauheit (auch: Oberflächengüte) und z. T. auch die Welligkeit der Oberfläche beschrieben wird. Die zulässigen Abweichungen von der Oberflächenrauheit wird entweder direkt angegeben oder sie können entsprechenden Normen entnommen werden.
  Im weiteren Sinn kann auch eine Rändelung zu den Eigenschaften der Feingestalt gezählt werden. Eine Rändelung ist eine beabsichtigte, unterschiedlich geformte und oberflächliche Gestaltabweichung im Zehntelmillimeterbereich, mit der ein Werkstück griffiger und abrutschsicherer ausgeführt werden kann. Anwendung finden Rändelungen z. B. bei Flaschenverschlüssen oder an Hantelstangen usw.
- **Weitere Gestalteigenschaften** bilden aufgrund ihrer extrem geringen Größe den Übergang zwischen der körperlichen Bauteilgestalt und den mikroskopisch kleinen Werkstoffstrukturen, dem Werkstoffgefüge. Insbesondere ist dies die durch geeignete Wärmebehandlungsverfahren beeinflussbare Härte der oberflächennahen Bauteilschicht oder des gesamten Bauteilkörpers. Ferner können auch Oberflächenbeschichtungen (z. B. Lackierungen, galvanische Überzüge usw.) die Gestalteigenschaften beeinflussen und müssen entsprechend beschrieben werden.

Des Weiteren werden bei der Klarlegung ferner auch fertigungstechnische Details, wie Freistiche, Gewindeausläufe, Zentrierbohrungen sowie fertigungsspezifische Angaben, wie Schweißangaben, Formschrägen o. Ä. beschrieben.

5.4 Berechnungen

Während der Konstruktion von Maschinen sind vielfältige Berechnungen durchzuführen; mit einigen werden geometrische, mit anderen mechanische oder sonstige Werte ermittelt oder überprüft. Der Aufwand und die Genauigkeit der Berechnungen verändert sich im Verlauf des Konstruktionsprozesses parallel zum Konkretisierungsgrad des Produktes. Während in der Entwurfsphase aufgrund mangelnder Informationen hauptsächlich relativ ungenaue Überschlagsrechnungen durchgeführt werden, nimmt die Berechnungsgenauigkeit in der Gestaltungs- und der Ausarbeitungsphase aufgrund wachsenden Informationsgehalts stetig zu. Zugleich verändern sich auch die Berechnungsansätze. In der Entwurfsphase kommen meist sogenannte „Faustformeln" zum Einsatz, die nur ungenaue Ergebnisse liefern und die oft auf Erfahrungswerten beruhen. Fortschreitend werden anwendungsfallbezogene Formeln, Finite-Elemente-Methoden (FEM) oder Simulationsalgorithmen angewendet. Entsprechend können die ersten Berechnungen mit einfachen Taschenrechnern durchgeführt werden, während insbesondere die FEM und physikalische Modellierungen zwingend den Rechnereinsatz erfordern.

Die unterschiedlichen Berechnungsbereiche differenzieren sich vielgliedrig aus, so umfassen etwa die geometrischen Berechnungen z. B. sowohl Formeln zum Bestimmen von Form- und Lagemaßen zur Herstellung der Bauteilformen, als auch mathematische und statistische Verfahren zur Ermittlung von Abmaßen innerhalb von Toleranzketten um die Austauschbarkeit von Bauteilen zu gewährleisten. Die mechanischen Berechnungen können in solche zur Ermittlung der äußeren Belastungen auf das gesamte System oder auf einzelne Bauteile, in solche zur Dimensionierung der Bauteile und in solche zum Nachweis der dauerhaften Haltbarkeit der Bauteile gegliedert werden. Neben den beschriebenen Berechnungsgrößen sind ferner die meist weiniger offensichtlichen Werkstoffkennwerte zu berücksichtigen. So beeinflusst z. B. der Wärmeausdehnungskoeffizient die Längenänderung von Bauteilen als Folge einer Temperaturänderung oder die Zugfestigkeit eines Bauteilwerkstoffs beschränkt dessen Zugbelastbarkeit. Ferner können Sicherheitsfaktoren berücksichtig werden, wenn dies die Anwendungssituation erfordert. Die Zusammenhänge zwischen den Berechnungsbereichen sind in Abb. 5.1 dargestellt.

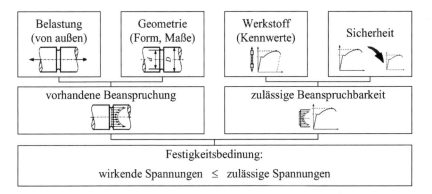

Abb. 5.1 Berechnungsbereiche

An einer Welle mit einem Durchmesser von 60 mm aus S235JR soll eine einseitig wirkende und mit leichten Stößen behaftete Umfangskraft von 10 kN mit einer 2,5-fachen Sicherheit mittels einer Passfeder DIN 6885 – 18 x 11 x 80 auf eine Nabe aus C45 übertragen werden. Aus Tabellen können die Maße für die Passfederverbindung (h = 11 mm, t_1 = 7 mm, l_t = 62 mm) und die zulässige Flächenpressung (p_0 = 120 $^N/_{mm^2}$) in der Nabennut ermittelt werden.

Formel: $p_{vor} \approx \frac{F_u}{(h-t_1) \cdot l_t} \leq p_{zul} = \frac{p_0}{v}$

Ges.: $F_{u\,zul}$ $F_{u\,zul} = p_{zul} \cdot [\,(h - t_1) \cdot l_t\,] = \cdots = 11904\,N$

Ges.: $l_{t\,erf}$ $l_{t\,erf} = \frac{F_u}{(h-t_1) \cdot p_{zul}} = \cdots = 52{,}083\,mm$

Ges.: $p_{0\,erf}$ $p_{0\,erf} = \frac{F_u}{(h-t_1) \cdot l_t} \cdot v = \cdots = 40{,}323\ ^N/_{mm^2}$

Ges.: v_{vor} $v_{vor} \approx p_0 \cdot \frac{(h-t_1) \cdot l_t}{F_u} = \cdots = 2{,}976$

Abb. 5.2 Anwendungsbezogene Konstruktionsberechnungen

Die Zusammenhänge der Berechnungsbereiche machen deutlich, dass letztlich alle Konstruktionsberechnungen darauf zielen, die vorhandenen Werte mit den zulässigen Wertebereichen zu vergleichen und so die dauerhafte Haltbarkeit der Konstruktion nachzuweisen. Im Umkehrschluss kann immer anwendungsbezogen ein unbekannter Berechnungsbereich aus drei bekannten Bereichen abgeleitet werden (zur Veranschaulichung s. Abb. 5.2).

Das Arbeiten mit den in Abb. 5.1 benannten Berechnungsbereichen ist weniger durch die Anwendung mathematischer Formeln gekennzeichnet, als vielmehr durch die Ermittlung der variablen Werte, die in diese einzusetzen sind. Die Variablen sind meist nicht unmittelbar und in einfacher Weise zu benennen, sondern sie müssen oft aufwendig mithilfe von Interpolationen aus Tabellenwerten berechnet, durch eine Interpretation von Diagrammen ermittelt oder aufgrund einer Anwendungsanalyse ausgewählt werden.

In dem Prozess der Variablenermittlung spielen Begriffe wie „Betriebsfaktor", „Anwendungsfaktor", „Spitzenlastfaktor", „Betriebsbeiwert" o. Ä. immer eine bedeutende Rolle. Diese Faktoren setzen die im Labor ermittelten und in Tabellen oder Diagrammen dokumentierten Werte im Beziehung zum konkreten Einsatzfall des Produktes, insbesondere zu den äußeren Beanspruchungen durch Stöße, Schwingungen, wechselnde Lastrichtungen, Betriebsdauer, Umgebungstemperatur. Ferner werden mehrere äußere Belastungen, die in unterschiedlichen Richtungen wirken und evtl. sogar in verschiedenen Lastfällen auftreten, in Vergleichsgrößen (z. B. Vergleichsmomente, -spannungen) fallbezogen zusammengefasst, sodass der Vergleich mit Laborwerten erst möglich wird.

Neben den unmittelbar auf einen Haltbarkeitsnachweis zielenden Berechnungen, deren Zusammenhänge in Abb. 5.1 dargestellt sind, müssen im Konstruktionsprozess vielfältige weitere Berechnungen durchgeführt werden, die dem Haltbarkeitsnachweis mittelbar dienen. Diesbezüglich sind vor allem Berechnungen aus den Bereichen der Mechanik und der Dynamik aber auch der Geometrie von besonderer Bedeutung.

Dokumentation

Die Dokumentation der Konstruktionsergebnisse geschieht vermeintlich ausschließlich in Form von Technischen Zeichnungen und Stücklisten. Diese Dokumentenarten sind jedoch nur einige von vielen. Eine Einteilung der technischen Produktdokumentation wird nach ihrer Entstehungsgeschichte vorgenommen, in:

- **Forschungs- und Entwicklungsdokumente,** die den Konstruktionsprozess von der ersten Idee bis zum Entwurfsergebnis dokumentieren. Diese Dokumente verbleiben beim Konstrukteur und z. T. auch beim Auftraggeber der Konstruktion. Typische FE-Dokumente sind die im *essential* beschriebenen Dokumente: Lastenheft, Pflichtenheft, Anforderungsliste, Funktionsstrukturen, Prinzipskizzen, Lösungsbeurteilungen, Prinziplösungen, Berechnungen, Berichte und die finale Konstruktionszeichnung sowie die zugehörige Mengenstückliste.
- **Primäre technische Produktdokumentationen,** die während der Ausarbeitungsphase auf der Grundlage der Konstruktionszeichnung einschließlich der Mengenstückliste erstellt werden und das Produkt in seinem gebrauchsfertigen Zustand einschließlich aller Prüfvorgaben beschreiben. Dies sind immer die erwähnten Einzelteil- und Baugruppenzeichnungen sowie die abgeleiteten Struktur- und ggf. Baukastenstücklisten.
Für Produkte, die ausschließlich mechanische Bewegungsenergie und geometrische Informationsdarstellungen nutzen, sind die benannten Dokumentenarten i. d. R. ausreichend. Für Produkte, die andere Energie- oder andere Informationsformen nutzen, genügen Technische Zeichnungen und Stücklisten für die vollständige Produktbeschreibung jedoch nicht. So benötigen etwa automatisierte Produkte zusätzlich lösungsneutrale Funktionspläne (z. B. Grafcet) und lösungsspezifische Schaltpläne (z. B. Pneumatikplan, Stromlaufplan usw.).

© Springer Fachmedien Wiesbaden GmbH, ein Teil von Springer Nature 2019
M. Hahne, *Systematisches Konstruieren,* essentials,
https://doi.org/10.1007/978-3-658-25905-1_6

Hinzukommen können weitere disziplinübergreifende Dokumentarten, wie z. B. Übertragungsprotokolle, zum Betrieb erforderliche Software usw.

- **Sekundäre technische Produktdokumentationen,** die zum Zweck der Fertigung, Einrichtung, Prüfung und Nutzung aus den primären Produktdokumenten abgeleitet werden. Dies sind z. B. Arbeitspläne, CNC-Programme, Betriebsanleitungen, Gefahrenhinweise, Transportvorschriften, Servicedokumentationen, Schulungsunterlagen, Wartungsvorschriften, Ersatzteillisten usw.

- **Tertiäre technische Produktdokumentationen,** die vom Nutzer des Produktes in eigener Verantwortung erstellt bzw. von ihm in Auftrag gegeben werden, und die der konkreten Anwendung des Produktes an einem bekannten definierten Ort usw. dienen. Dies können beispielsweise Sicherheitsbeurteilungen, Entsorgungsdokumentation sein.

Was Sie aus diesem *essential* mitnehmen können

- Ein Konstruktionsprozess ...
  - verläuft ergebnisoffen entlang eines mehr oder weniger systematischen Pfades. Auf diesem ist gelegentlich ein Innehalten erforderlich, um sowohl nach hinten, als auch nach vorne zu schauen und eventuell die Richtung zu ändern.
  - wird von einem ständigen Informationsaustausch zwischen dem Auftraggeber und dem Konstrukteur begleitet. Das Kommunikationswerkzeug für einen effektiven Kommunikationsprozess ist die sich dynamisch anpassende, verbindliche Anforderungsliste.
- Eine konstruktive Lösung ...
  - erfordert in allen Konstruktionsphasen und auf allen Ebenen die stetige Entwicklung von mehreren Alternativlösungen, deren Bewertung und die Auswahl der weiter zu verfolgenden Prinziplösungen.
  - entwickelt sich aus einer anfangs nur schemenhaften Vorstellung ohne Tiefgang. Der Anfangsnebel löst sich im Prozess allmählich übergangslos auf und die Konturen der Konstruktion werden mit zunehmendem Detailierungsgrad sichtbarer.
  - kann in ihrem Verhalten mit zunehmendem Detailierungsgrad auch mathematisch genauer beschrieben werden. So führen anfängliche Überschlagsrechnungen nur zu sehr ungenauen Ergebnissen. Mit fortschreitender Festlegung einzelner Parameter nimmt auch die Exaktheit der Berechnungen zu.

© Springer Fachmedien Wiesbaden GmbH, ein Teil von Springer Nature 2019
M. Hahne, *Systematisches Konstruieren,* essentials,
https://doi.org/10.1007/978-3-658-25905-1

- Die Verflechtung der Konstruktion ...
  - mit anderen Fachdisziplinen, wie z. B. der Werkstoffkunde ist unauflösbar. So können konstruktive Teilprobleme, wie etwa die Auswahl eines geeigneten Werkstoffs, nur auf der Basis entsprechender Kenntnisse gelöst werden.
  - mit dem Produkt umfasst dessen gesamten Lebenszyklus. Dementsprechend bezieht sich die Produktdokumentation auf mehrere Ebenen: Die FE-Dokumente, die in der Konstruktion verbleiben. Die primären Dokumente, wie Zeichnungen, Stücklisten und Pläne, die den gebrauchsfertigen Produktzustand beschreiben. Und weitere Dokumente, die zum Zweck der Herstellung dem Gebrauch usw. außerhalb der Konstruktionsabteilung erstellt werden.

Printed in the United States
By Bookmasters